新型菌群特征选择算法的理论与实践

牛奔 王红 耿爽 著

科学出版社

北京

内 容 简 介

　　菌群优化算法是一种新型的细菌觅食优化算法，是群体智能优化算法的一个重要分支，它对复杂的细菌觅食优化算法的执行过程进行了简化，自提出以来得到了广泛的关注和研究。特征选择是一种重要的数据挖掘技术，本书重点探讨新型菌群优化算法在特征选择领域的理论与实践。

　　本书适合运筹与管理、人工智能、计算数学、计算机科学、系统科学等相关学科的高年级本科生、研究生参阅，也可供从事计算智能研究与应用的科研人员和工程技术人员参考。

图书在版编目（CIP）数据

新型菌群特征选择算法的理论与实践 / 牛奔，王红，耿爽著. —北京：科学出版社，2022.5

　ISBN 978-7-03-067603-0

　Ⅰ. ①新⋯　Ⅱ. ①牛⋯ ②王⋯ ③耿⋯　Ⅲ. ①细菌群体－最优化算法　Ⅳ. ①Q939.1

中国版本图书馆 CIP 数据核字（2020）第 260374 号

责任编辑：王丹妮 / 责任校对：王晓茜
责任印制：张　伟 / 封面设计：无极书装

科 学 出 版 社 出版
北京东黄城根北街 16 号
邮政编码：100717
http://www.sciencep.com
北京虎彩文化传播有限公司 印刷
科学出版社发行　各地新华书店经销
*
2022 年 5 月第 一 版　开本：720 × 1000　1/16
2023 年 1 月第二次印刷　印张：10 3/4
字数：214 000
定价：122.00 元
（如有印装质量问题，我社负责调换）

前　言

随着信息技术的发展，数据越来越容易被获取，海量高维的多类别标记样本数据也广泛地出现在图像处理、社交网络、生物医疗等领域。相应地，多类别标记样本数据的分析和挖掘已经成为机器学习和数据挖掘领域的重要研究内容，并已实际应用于众多领域，如产品推荐、医疗诊断、图像识别、客户精准识别、垃圾邮件判别、信用卡欺诈检测等。

然而，数据的质量直接关系到模型的质量，这类海量数据存在严重的高维特征冗余问题，需要消耗很长的时间构建复杂的分类模型。作为数据挖掘技术的重要组成部分，特征选择是一种非常有效的解决方法，它可以按照某种规则从原始特征变量集中选择一组关键特征子集，这样不仅能够提高分类准确率、降低计算复杂度，而且能够保障特征数据的解释性和知识的可译性。然而，基于特征选择的分类的应用目前还面临一些核心问题，主要体现在：①过于强调特征之间的差异，选取效果存在一定的局限性，并不能解决最优特征组合筛选的问题；②随着特征维度的逐渐增加，基于特征选择的分类不得不面临高昂计算成本的挑战；③较少考虑关键特征子集数目未知的问题，无法系统化地提出关键特征精准识别的解决方案。如何设计一种有效的特征选择算法，使得决策者可以根据高维冗余数据获取有效信息并制定策略，成为数据挖掘领域新的挑战。

大自然中存活的群体生物都经历着不同形式的优胜劣汰，自 20 世纪 90 年代以来，群体智能优化算法作为一个独立的理论系统被正式提出。与传统的运筹学方法和进化计算方法相比，群体智能优化算法因为简单易用、控制参数较少，具有鲁棒性、并行性和可拓展性等特点，展现出了极大的优越性，是国内外智能科学领域的热门方向。其中，以细菌群体的觅食行为作为研究对象的细菌觅食优化算法不仅具备群体智能优化算法的并行搜索等优点，而且在全局搜索中展现了优异的性能，受到广泛的关注和研究。特征选择需要从高维数据集中搜索分类并判别效果最好的特征子集，细菌觅食优化算法的全局搜索能力恰恰是解决高维特征选择问题所需要的。目前，基于细菌觅食行为的特征选择算法已经有了一些研究成果，相较其他经典的智能特征选择算法（如粒子群优化算法、人工蜂群算法、差分进化算法等），细菌觅食优化算法通过其特有的趋化、复制、消亡和迁移等生物行为，保障菌群从全局角度搜索优异的特征子集，达到更高的分类准确率。

本书对特征选择的关键技术进行了概述，阐述了新型菌群特征选择算法的基本原理,以及其在客户分类、图像识别、基因分析、故障检测等领域的应用。本书共9章,具体安排如下。

第1章为本书的导入章,对特征选择、群体智能的理论及相关算法做初步介绍,对本书后续涉及的内容做整体铺垫。

第2章主要介绍本书的依托算法,首先介绍传统的细菌觅食优化算法,然后重点介绍新型菌群优化算法。

第3章讲述了特征选择的定义、常用方法的特征选择原理。按滤波式、封装式、混合式及嵌入式的分类模式阐述了特征选择的常用方法。

第4章主要介绍特征选择与智能算法的结合方式,阐明粒子群优化算法、遗传算法、差分进化算法和人工蜂群算法的原理及其与实际的特征选择相关问题的结合方式。

第5章从基于特征权重策略、参数改进策略、多维度种群及多目标优化的角度出发,介绍了菌群优化算法在特征选择问题上的应用。

第6章介绍了新型菌群特征选择算法在复杂的企业客户分类和产品推荐问题中的应用,该应用同样可以在更多数据分析和样本分类问题中加以推广。

第7章阐述了图像特征选择分类问题的研究现状,介绍了新型菌群特征选择算法在图像分类、识别中的应用。

第8章将新型菌群特征选择算法应用于虚拟梁的构建,结合统计方法及自适应阈值技术,利用传感器网络捕获因结构损坏导致的有关能量传输的变化,检测并定位复杂结构的故障。

第9章对基因特征选择问题进行了分析,结合新型菌群特征选择算法,提出了适合解决基因特征选择问题的新策略,并在广泛认可的公开数据集中做了大量实验进行验证。

感谢国家自然科学基金项目(71901152,71971143,71901150)、广东普通高校重点项目(2019KZDXM030)、广东省自然科学基金项目(2020A1515010749,2018A030310575)、广东省创新团队项目"智能管理与交叉创新"(2021WCXTD002)、深圳市高等院校稳定支持(面上项目)(20200826144104001)的资助。本书由牛奔、王红和耿爽共同撰写,感谢深圳大学智能管理与交叉创新团队成员(郭晨、欧懿坤、王亿鑫、周卓、王睿、陈林、刘欢)提供的帮助。目前,基于群体智能优化算法的特征选择的研究较多,但基于细菌觅食优化算法的特征选择的研究还比较有限,希望本书可以抛砖引玉,为想要深入了解细菌觅食优化算法的人提供一些借鉴和帮助。由于作者水平有限,书中存在一些不足之处在所难免,敬请诸位专家、学者、同行不吝指正。

作 者

2021 年 7 月

目　　录

第1章 绪 论

近年来，随着互联网技术的高速发展，海量数据应运而生并得以保存。毋庸置疑，大数据中隐含着具有重大价值的信息，对大数据潜在价值的挖掘在社会发展过程中起着不可估量的推动作用。然而，在大数据潜力广阔的背景下，研究者在对数据信息进行深入挖掘的过程中，却发现其中普遍存在着数据维度冗余、特征冗余的问题，这严重影响了数据挖掘的效率和性能[1]。据此，作为数据挖掘的一项重要任务，特征选择（feature selection）被提出并吸引了研究者的关注，迅速成为新的研究热点。

特征选择的基本任务是从高维特征集中找出最有效的特征组合，通过剔除原始数据中不相关的和冗余的特征，降低数据的维度、简化学习模型，进而达到提高数据挖掘性能的效果。然而，特征选择是一项颇具挑战性的任务，主要是因为搜索空间大，对于一个有 n 个特征的数据集，其可能的解决方案的总数为 2^n。采用简单粗暴的方法，即尝试所有特征组合从而挑出最优的子集特征，非常花时间，所以是不可行的。基于传统搜索的特征选择算法，如完全搜索、贪婪搜索、随机搜索等，也容易陷于局部最优的困境[1]。为此，新型的、更具全局寻优能力的群体智能优化算法开始应用于特征选择。与传统搜索方法相比，群体智能优化算法不需要对搜索空间做任何假设，并能基于群体机制在一次迭代中产生多个解决方案。

群体智能优化算法通过模拟简单携带信息的个体之间的相互作用而产生一种解决问题的能力，群体的概念暗示了多样性和随机性，而智能的概念则在某种程度上暗示了这种解决问题的方法是成功的[2]。这些简单携带信息的个体可以是有生命的、机械的、数学的；可以是昆虫、鸟类或人类；可以是真实的，也可以是想象的[2]。其中，有一种古老的单细胞生物——大肠杆菌，其因旺盛的生命力引起了研究者的关注。在后来的研究中，人们发现大肠杆菌顽强的生命力与菌群独特的觅食和繁衍过程有关，至此开启了关于菌群优化算法的研究。

1.1 最优化问题

所谓最优化问题，就是在满足一定的约束条件的情况下，寻找一组参数值，满足最优化度量，即使得系统的某些指标达到最大或最小[3]。以最小化为例，最优化问题的数学表达式如下：

$$\left.\begin{array}{ll} \min\limits_{X\in\Omega} & g(X) \\ \text{s.t.} & p_j(X)=0, \quad j=1,2,\cdots,n \\ & q_i(X)\geq 0, \quad i=1,2,\cdots,m \end{array}\right\} \tag{1-1}$$

其中，$g(X)$ 为目标函数，需要求解它的极小值。优化过程就是在定义域内找到合适的 X，既使得 X 能够满足条件约束，又使得目标函数 $g(X)$ 能够取到最优解。$p_j(X)$ 为等式约束。$q_i(X)$ 为不等式约束。如果约束函数 $q_i(X)$ 和 $p_j(X)$ 所限制的约束空间是整个欧氏空间，那么通过对上述最优化问题进行简化，可以使其转化为无约束的优化问题。除此之外，还可以通过其他方法（如惩罚函数法）将有约束的优化问题转换为无约束的优化问题。

在上述最优化问题中，如果变量 X 在其定义域内是连续的，并且目标函数 $g(X)$ 和约束函数 $p_j(X)$、$q_i(X)$ 都是线性函数，那么上述问题就被称为线性规划问题。如果目标函数 $g(X)$ 和约束函数 $p_j(X)$、$q_i(X)$ 至少有一个是非线性函数，那么此时的最优化问题被称为非线性规划问题。

上述问题仅为单目标优化问题，实际上，现实中存在大量的多目标优化问题。在解决此类问题时，决策者需要综合考虑多个目标间的关系，以获取最终的方案。多目标优化问题可以表示为

$$\left.\begin{array}{ll} \min\limits_{X\in\Omega} & G(X) \\ & G(X)=[g_1(X),g_2(X),\cdots,g_d(X)]^{\mathrm{T}} \\ \text{s.t.} & p_j(X)=0, \quad j=1,2,\cdots,n \\ & q_i(X)\geq 0, \quad i=1,2,\cdots,m \end{array}\right\} \tag{1-2}$$

在求解多目标优化问题的过程中，往往很难找到一个合适的解，能够同时使得所有的目标函数都达到最优，因为多个目标函数之间容易存在一定的矛盾和冲突。因此，多目标优化问题往往没有单一的最优解，有的是满足多个目标函数的一组解的集合。

1.2　群体智能优化算法

群体智能是指群体中的简单个体通过相互协作而产生的解决问题的能力，具有多样性和随机性。我们对自然界的种群都很熟悉：在种群中，每个成员扮演一个简单的角色，但作为一个整体，这种形式产生了复杂的行为。这些种群在很多方面展示出群体智慧，表现出竞争合作意识与交流学习能力，通过共同努力实现同一目标。

相应地，群体智能优化算法是受群体智能启发而提出的，该算法借助个体的

集群行为及它们与环境的局部交互，拥有功能性的全局寻优能力，被应用于解决各类优化问题。群体智能优化算法主要模拟了蚁群、蜂群、鸟群等群体的行为，这些群体根据特定的合作方式寻找食物，群体中的成员通过学习自身和其他成员的经验来不断地改变搜索的方向。

1.2.1　蚁群优化算法

蚁群优化（ant colony optimization，ACO）算法是 Dorigo 于 1992 年在他的博士论文中提出的[4]，其灵感来源于蚂蚁在寻找食物过程中发现路径的行为。蚂蚁根据信息素浓度进行移动，以此寻找最优的觅食路径。在觅食过程中，蚂蚁会在路径上释放信息素的同时分析其他蚂蚁释放的信息素。

如此一来，蚁群释放的信息素将蚂蚁连接起来，实现了信息的交流和传递，促进了蚂蚁间的协同合作。经过一段时间的搜索，用时较少的路径被蚂蚁识别，它们通过增加该路径的信息素浓度来提高蚂蚁选择该路径的概率，进而促使该路径成为最优路线。图 1-1 为蚂蚁利用信息素查找最短路径的示意图，图 1-1（a）表示蚂蚁在行动开始时随机选择路线，长短不同的路径上均有蚂蚁在前进。图 1-1（b）～图 1-1（c）表示行进过程中，蚂蚁根据信息素浓度，开始识别出较短的路径，越来越多的蚂蚁选择较短路径。图 1-1（d）表示蚁群最终寻找到最优路径，都沿着该路径觅食。

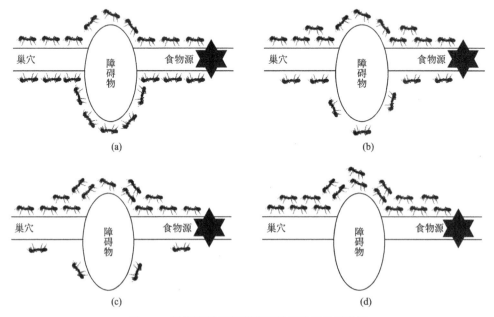

图 1-1　蚂蚁利用信息素查找最短路径的示意图

ACO 算法受真实蚂蚁的觅食行为启发而来，其中蕴含的许多理念来源于真实蚁群，该算法中的人工蚂蚁与真实蚂蚁间存在以下相同点：①都存在个体相互交流的机制。真实蚂蚁通过在路径上留下信息素进行交流合作，而人工蚂蚁以"数字信息"模拟信息素，并进行种群传递，以寻找优化方案。②都要完成寻找最短路径的任务。③都会根据当前信息采取路径的随机选择策略。

此外，人工蚂蚁还存在与真实蚂蚁不同的特性：①人工蚂蚁具有记忆能力，可以记录自身以前的行为。②人工蚂蚁在选择路径时并非完全盲目的，会受问题空间特征的启发。③人工蚂蚁存在于离散的时间环境中，其移动实际上是两个状态的转化。

ACO 算法的基本框架如下。

ACO 算法的基本框架

开始：

　　初始化参数、种群和信息素

　　While 未达到算法终止条件

　　　　For 每一个体（蚂蚁）

　　　　　　While 解未构成

　　　　　　　　根据信息素计算下一步各种选择的概率

　　　　　　　　按照概率选择下一动作

　　　　　　　　更新局部信息素

　　　　　　End while

　　　　End for

　　　　更新全局信息素

　　End while

结束

1.2.2　粒子群优化算法

粒子群优化（particle swarm optimization，PSO）算法于 1995 年由 Kennedy 和 Eberhart 提出[5]，源于对鸟群捕食行为的研究。该算法是受飞鸟集群活动的规律性启发，进而利用群体智能建立的一个简化模型，鸟群觅食过程的模拟图如图 1-2 所示。PSO 算法将每个优化问题的潜在解视作一只鸟，即粒子。每个粒子都具有各自的速度和飞行方向，在遵循自身方向的同时，粒子还会学习并追随当前最优粒子，在解空间中进行搜索。所有粒子通过适应值函数来计算适应值，以此衡量粒子的优劣性。因此，PSO 算法的目标就是使所有粒子在多维空间中找到最优解。

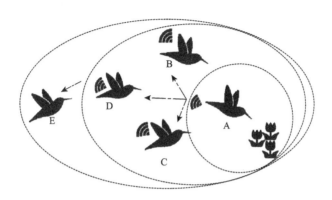

图 1-2　鸟群觅食过程的模拟图

在此过程中，PSO 算法中所有粒子的初始位置是随机产生的，在给定空间中赋予其初始速度和方向，然后通过逐步迭代寻求最优解决方案。在标准 PSO 算法中，粒子在每一次迭代时通过两个最优解来更新自身：一个是粒子本身所找到的最优解，这个解称为个体最优（pbest）；另一个是整个种群目前的最优解，即全局最优（gbest）。随着迭代的进行，粒子种群通过探索求解空间和利用已知的有利信息，最终向一个或多个最优点聚集。

如果用数学的方法描述 PSO 算法，则为：假设在一个 E 维空间中，$X=(x_1,\cdots x_i,\cdots,x_E)$ 是由 m 个粒子组成的种群，其中第 i 个粒子的位置为 $x_i=(x_{i1},x_{i2},\cdots,x_{iE})^{\mathrm{T}}$，其速度为 $V_i=(v_{i1},v_{i2},\cdots,v_{ie},\cdots,v_{iE})^{\mathrm{T}}$，它的个体极值为 $p_i=(p_{i1},p_{i2},\cdots,p_{iE})^{\mathrm{T}}$，种群的全局极值为 $P_g=(p_{g1},p_{g2},\cdots,p_{gE})^{\mathrm{T}}$。根据追随当前最优粒子的原理，粒子 x_i 将按照式（1-3）和式（1-4）改变自己的速度和位置。

$$v_{ij}(t+1)=v_{ij}(t)+c_1r_1(t)(p_{ij}(t)-x_{ij}(t))+c_2r_2(t)(p_{gj}(t)-x_{ij}(t)) \qquad （1-3）$$

$$x_{ij}(t+1)=x_{ij}(t)+v_{ij}(t+1) \qquad （1-4）$$

其中，$j=1,2,\cdots,E$；$i=1,2,\cdots,m$；t 为当前迭代次数；r_1,r_2 为在[0, 1]区间分布的随机数；c_1 和 c_2 为加速常量，分别用于对向全局最优粒子和个体最优粒子方向飞行的最大步长的调节。如果数值太小，粒子可能会远离目标区域；如果数值太大，则会导致粒子突然飞向或是飞过目标区域。由此可知，合适的 c_1 和 c_2 能够在加快收敛的同时，避免搜索解集陷入局部最优。粒子在每一维飞行的速度都不能超过一个最大值，即算法设定的最大速度 $v_{\max}$。当设置一个较大的 $v_{\max}$ 时，PSO 算法的全局搜索能力可以得到有效提高；而当 $v_{\max}$ 的数值较小时，则可以加强 PSO 算法的局部搜索能力。

速度更新式（1-3）由 3 个部分构成：$v_{ij}(t)$，$c_1 r_1(t)(p_{ij}(t)-x_{ij}(t))$，$c_2 r_2(t)(p_{gj}(t)-x_{ij}(t))$。其分别代表：①粒子的"惯性"，即粒子原有的速度和方向；②粒子对自身的历史经验进行记忆的能力，即粒子在解空间里有以自己的历史最优解为方向进行搜索的趋势；③粒子基于群体历史经验开展知识共享和协同工作，即粒子在解空间里有以整个领域的历史最优解为方向进行搜索的趋势。因此，PSO 算法的寻优方法实际上是基于学习及认知事物的习惯和经验得到的。PSO 算法的流程图如图 1-3 所示。

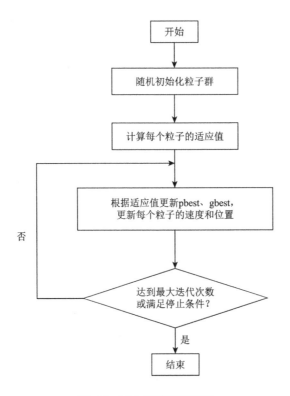

图 1-3　PSO 算法的流程图

1.2.3　人工蜂群算法

人工蜂群（artificial bee colony，ABC）算法是 Karaboga 于 2005 年提出的基于群体智能的全局优化算法[6]，该算法的灵感来源于自然界蜂群的采蜜行为。在采蜜过程中，蜜蜂依据自身分工进行不同的活动，并通过种群内部的信息共享与交流，如跳舞传递信号，分享搜索到的食物源，从而完成花蜜的采集。

ABC 算法模拟了真实蜜蜂的这种觅食行为，并用于解决多维和多模态的优化问题。ABC 算法中还蕴含着种群自组织的正面反馈和负面反馈的特性。正面反馈指的是：随着食物来源中花蜜量的增加，该食物源附近蜜蜂的数量也会增加。负面反馈则表示：如果食物源的质量不高，该食物源将被蜜蜂放弃。

标准 ABC 算法模型中的人工蜂群由三种蜜蜂组成：引领蜂、跟随蜂和侦察蜂。对于引领蜂而言，每一引领蜂对应一个特定的食物源，因而，引领蜂的数量实际等于周围食物源的数量。跟随蜂通过观察和分析引领蜂发出的信号来选取食物源。侦察蜂则在一定范围内随机搜寻食物源。蜂群采蜜的模拟图如图 1-4 所示。需要说明的是，人工蜜蜂的角色并非一成不变的，它们的角色会随着采蜜过程的进行而发生转变。标准 ABC 算法主要包括以下几个过程。

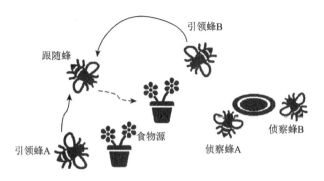

图 1-4　蜂群采蜜模拟图

1. 初始侦察蜂时期

采蜜初始，少量的侦察蜂被派遣到周边环境对食物源进行搜索与侦察。侦察蜂在搜寻到食物源后，将对其质量的优劣程度进行初步分析。侦察蜂 i 搜索到的食物源位置为 X_{id}，U 和 L 为问题空间的上限和下限，$d \in \{1, 2, \cdots, D\}$，$D$ 为问题空间的维度：

$$X_{id} = L + \text{rand}(0,1) \times (U - L) \tag{1-5}$$

2. 引领蜂时期

食物源的发现使得侦察蜂转化为引领蜂，并完成花蜜的采集活动。此外，引领蜂 i 会结合其他引领蜂 j 的信息，获取新的食物源 V_{id}，如式（1-6）所示，Φ 为 $[-1, 1]$ 的随机数。新食物源产生后，将通过式（1-7）计算其适应值，若新位置的适应值优于先前的，则新位置被保留；反之则舍弃新位置，保留原位置。

$$V_{id} = X_{id} + \Phi(X_{id} - X_{jd}) \tag{1-6}$$

若新解 fit_i 优于旧解，则用引领蜂记住新解，忘记旧解。若目标函数为最小值的优化问题，适应值可用式（1-7）求解：

$$\text{fit}_i = \begin{cases} 1/(1+f_i), & f_i \geqslant 0 \\ 1+\text{abs}(f_i), & \text{其他} \end{cases} \qquad (1\text{-}7)$$

其中，f_i 为优化问题的目标函数；abs 为绝对值。ABC 算法中食物源的质量越好，目标函数的适应值 f_i 越大，即适应值越大越好。

3. 跟随蜂时期

跟随蜂是蜂群中的主体，数量庞大，是完成采蜜任务的重要力量。跟随蜂主要通过观察、分析和比对引领蜂的舞蹈信息，跟随在发现了较优质食物源的引领蜂后面，前往相应的食物源处进行采蜜活动。式（1-8）可计算引领蜂提供的食物源被跟随蜂选择的概率：

$$p_i = \text{fit}_i \bigg/ \sum_{i=1}^{\text{SP}} \text{fit}_i \qquad (1\text{-}8)$$

其中，SP 为食物源个数。

4. 侦察蜂时期

当大规模的跟随蜂完成采蜜活动后，蜂群将会对当前食物源的质量进行分析，并采取相应策略。若当前食物源的花蜜质量依然较高，则跟随蜂角色不变，继续在当前位置采集花蜜；若当前食物源的花蜜质量不优，不满足采集条件，跟随蜂将转变角色为侦察蜂，在未知区域搜索新的食物源。

ABC 算法的基本框架如下。

ABC 算法的基本框架
开始：
初始化参数、种群
Repeat
侦察蜂搜索到食物源，并判断食物源质量
计算跟随蜂偏好食物源的概率值
停止对被蜜蜂遗弃的食物源的开发
派侦察蜂进入搜索区域，随机发现新的食物源
记住目前发现的最好的食物源
Until（满足停止条件）
结束

1.2.4　头脑风暴优化算法

头脑风暴优化（brain storm optimization，BSO）算法是受头脑风暴会议的启发，由史玉回教授于 2011 年提出的[7]。BSO 算法的基本思想是通过聚类的方法搜索局部最优，再根据多个局部最优的比较得到全局最优。该算法采用变异思想避免算法陷入局部最优，并利用聚与散相辅相成的理念在策略空间中搜索最优解，在解决经典优化算法难以求解的大规模高维多峰函数问题时优势明显。

头脑风暴过程中需要有一群背景不同的人聚集在一起进行讨论，这个过程通常还会有引导者的参与，但其一般不直接参与想法的产生。引导者需要具备足够的引导经验，但对待解决的问题要有较少的了解，这样才能保证头脑风暴产生的想法受引导者认知的影响较小。头脑风暴的目的是产生尽可能多的想法，这样才能保证最终得到的解决问题的办法是更优的。

如图 1-5 所示，头脑风暴的全过程通常包含多个子过程，每个子过程都是一轮想法的产生。在每一轮想法生成的过程中，要求头脑风暴小组提出尽可能多的想法。第二轮的想法生成过程结束后，通过优劣比较挑选出较好的想法，并将其作为基本线索引导下一轮创意生成过程中想法的产生。因此，在头脑风暴的所有流程中，还有这样一群人，他们的职责是在每一轮产生的想法中，挑选出比较好的想法。

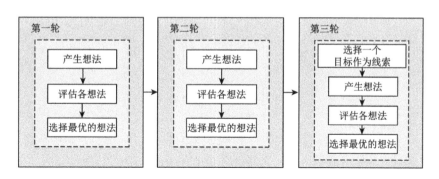

图 1-5　头脑风暴过程图

类似于其他群体智能优化算法，BSO 算法过程中的每个个体都被视作一个简单的主题或想法。具体来说，矩阵 $P=[x_1,x_2,\cdots,x_i,\cdots,x_n]^\mathrm{T}$ 代表整个种群，其中 $x_i=[x_{i,1},x_{i,2},\cdots,x_{i,d}]^\mathrm{T}$ 为第 i 个个体，n 为种群中个体的总数。BSO 算法的主要步骤如下。

步骤 1：在策略搜索空间内，初始化 $P(x_{\min},x_{\max})$，其中 $x_{\min}$ 和 $x_{\max}$ 为最小和最大搜索边界。种群中个体的位置是随机产生的，产生方式如式（1-9）所示。

$$x_{i,j}=x_{\min}+\mathrm{rand}(\cdot)\times(x_{\max}-x_{\min}) \qquad (1-9)$$

步骤 2：用 K-means 聚类法将 n 个个体聚类成 k 个种群，然后将每个种群中最优秀的个体记为该种群的聚类中心。因此，这种聚类过程可以看作从局部空间获取知识的过程。应当注意到，每个种群的聚类中心都有一定的概率 P_{replace}（$P_{\text{replace}} \in [0,1]$）被随机产生的个体取代。

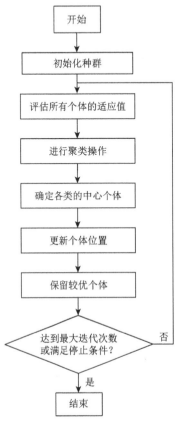

图 1-6　BSO 算法流程图

步骤 3：新的个体 x_{new} 可以通过式（1-10）～式（1-12）生成。

$$x_{\text{new}} = x_{\text{old}} + \xi \times G(\mu, \sigma) \qquad (1\text{-}10)$$

$$x_{\text{old}} = \begin{cases} x_i^d, & 1类 \\ \omega_1 \times x_i^d + \omega_2 \times x_j^d, & 2类 \end{cases} \qquad (1\text{-}11)$$

$$\xi = \log\text{sig}\left(\frac{0.5 \times \text{iter}_{\max} - \text{iter}_{\text{cur}}}{K}\right) \times \text{rand}(\cdot) \qquad (1\text{-}12)$$

其中，x_{old} 可以从一个或两个种群中学习，具体由参数 p_one（$p\_one \in [0,1]$）决定；ω_1 和 ω_2 均为学习率；步长 ξ 用来控制高斯随机值的权重；$\text{iter}_{\max}$ 为最大迭代次数；iter_{cur} 为当前迭代的值；K 为一个定值，用于改变函数 logsig 的斜率；$G(\mu, \sigma)$ 为高斯扰动函数，其中 μ 和 σ 分别为均值和方差。

步骤 4：当前迭代生成的最终个体 $x(g+1)$ 可以用式（1-13）进行描述：

$$x(g+1) = \begin{cases} x_{\text{new}}, & \text{fit}(x_{\text{new}}) \leqslant \text{fit}(x_{\text{old}}) \\ x_{\text{old}}, & 其他 \end{cases} \qquad (1\text{-}13)$$

其中，$\text{fit}(x_{\text{new}})$ 和 $\text{fit}(x_{\text{old}})$ 分别为 x_{new} 和 x_{old} 的适应值。

步骤 5：如果 $\text{iter}_{\max} = \text{iter}_{\text{cur}}$，则循环终止，否则重新回到步骤 2。BSO 算法流程图详见图 1-6。

1.3　基于智能计算的特征选择算法

特征处理是特征工程的核心部分，具体包括数据预清洗、特征提取、特征选择等过程。特征选择也称为特征子集选择或者属性选择，指的是从已有的 N 个特征中选择 M 个特征，使得特定指标最优化。与特征提取（feature extraction）不同，特征选择是从原始特征中选择一些最有效的特征以降低数据集维度的过程，而非通过计算获取抽象程度更高的特征集。假设特征子集 $X = \{X_i \mid i = 1, \cdots, N\} \in R^N$ 有 N 个特征，通过映射函数 $Y = f(X)$：$R^N \rightarrow R^M$（$M < N$），获取一个新的特征向量集合 $Y = \{y_1, \cdots, y_M\} \in R^M$。这两种特征降维的具体表述如下所示：

$$\begin{matrix} X_1 \\ X_2 \\ \vdots \\ X_N \end{matrix} \xrightarrow{\text{特征选择}} \begin{matrix} X_{l1} \\ X_{l2} \\ \vdots \\ X_{lM} \end{matrix} \qquad \begin{matrix} X_1 \\ X_2 \\ \vdots \\ X_N \end{matrix} \xrightarrow{\text{特征提取}} \begin{matrix} y_1 \\ y_2 \\ \vdots \\ y_M \end{matrix} = f \begin{pmatrix} X_1 \\ X_2 \\ \vdots \\ X_N \end{pmatrix}$$

特征选择是离散组合优化问题，属于一类数据预处理技术，一直以来都是数据挖掘及机器学习的研究热点。通过剔除冗余特征及无关特征，特征选择能够提高数据的可解释性，降低过拟合的风险（特征维度越高，越容易过拟合）。同时，降低特征集的维度可以节省后续数据分析的计算成本和提高分类决策的准确率。近年来，随着信息技术的发展，数据信息量成倍地增长，最优特征子集特征数目未知的现实问题给管理者的快速决策带来了巨大的挑战。单目标的特征选择模式显然已经不能满足实际的需求。为了从根本上解决特征组合中特征数目未知的问题，同时实现分类决策的精准性，亟须从动态、多目标角度，设计新型的多目标特征选择算法。

目前，多目标特征选择算法大多以减小特征集空间、提高分类准确率、提高计算速度为目标函数，这是一个多目标高维非线性的复杂优化问题。更具挑战的是，这些目标之间是相互冲突的。如何获得带冲突多目标问题的最优解，成为各界关注的焦点。鉴于智能计算方法在解决高维多目标复杂优化问题中具有智能化、自动化和全局化等诸多优势，其引起了研究者的关注，得到了广泛的研究。

基于智能计算的多目标特征选择算法，常见的有多目标进化规划算法[8]、多目标遗传算法[9]、多目标差分进化算法[10]、多目标 PSO 算法[11]等。Nag 和 Pal[8]提出的多目标进化规划算法，以减小伪阳性、减小伪阴性（false negative，FN）和削减决策树的枝叶节点数的三个目标为评价函数，获取相关性和紧凑性最好的特征子集以提高分类准确率。针对分类准确率和特征数目这两个相互冲突的目标，Das 等[9]提出多目标遗传算法与多种筛选式特征选择算法结合，利用筛选法预先筛选出不相关的特征。同样针对这两个相互冲突的目标，Xue 等提出用多目标差分进化算法解决含有冲突多目标的特征选择问题[10]，对比实验分析得出，多目标差分进化算法能够选取较少的特征并达到较高的分类准确率。此外，基于 PSO 算法，Xue 等提出将多目标 PSO 算法与粗糙集结合[11]，解决减小特征集空间和提高分类准确率两个目标的特征选择。与以分类准确率为单目标的 PSO算法的对比实验表明，多目标 PSO 算法能够在选取较少的特征的同时获得较好的分类效果。

可见，与传统算法相比较，基于智能计算的多目标特征选择算法，在应用范围和分类效率上更有研究价值。然而，多目标特征选择算法的研究还处在探索的起步阶段，带冲突的高维多目标特征选择问题非常复杂，面对海量高维特征空间的数据挖掘的问题，目前研究的多目标特征选择算法在效率和运算速度上普遍不能满足实际需求。针对上述问题，如何设计出新型的多目标智能优化算法，将复杂的生物行为映射为简单的优化学习方法，从而实现对复杂的大数据特征选择问题的高效求解，是大数据特征选择算法研究的热点。

菌群优化算法是近年来出现的一类新型的智能计算方法，该算法通过模拟大肠杆菌的趋化觅食等一系列行为实现优化问题的求解。迄今为止，菌群优化算法已经广泛地应用于科学计算[12-14]、生产调度[15, 16]和工程应用[17-19]等多个领域，大量实验证明，相较于其他算法，菌群优化算法已经展现出较为优异的性能和较好的发展潜力。近年来，基于细菌行为的特征选择算法的研究工作主要聚焦在以下三个方面。

（1）基于权重系数的特征选择。基于权重系数的特征选择主要是根据特征个体在组合中的重要程度，赋予每个特征不同的权重系数以进行区别和排序。结合轮盘赌选择法的特征贡献因子和特征出现频率因子，Wang 等提出了新型的非线性菌群特征选择算法[13]，结果证明菌群优化算法能够取得比差分进化算法、PSO 算法、遗传算法等更好的特征选择效果，提高了医疗病例决策诊断的精确度。类似地，基于权重系数的特征选择还有：基于特征组合和互信息权重的菌群特征选择[20]、基于频率和组合权重的细菌启发式特征选择[13]，以及基于平均阈值的特征选择[21]等。以上研究表明，基于权重系数的特征选择在一定程度上能够提高特征组合的有效性。然而，权重系数策略主要强调的是特征之间的差别，对进入优化系统的特征集合有效，但是面对高维的特征选择问题，其选取效果存在一定的局限性，也无法解决最优特征组合特征数目未知的问题。

（2）基于决策参数的特征选择。基于生物行为的菌群优化算法，包括趋化、复制、消亡和迁移三种策略，其优化性能在很大程度上由众多的参数决定，包括种群大小、运动步长、趋向操作和复制操作等。目前，对基于决策参数的菌群特征选择算法的研究还比较少。考虑参数确定本身不存在自适应性的特点，Wang和 Niu[12]基于多源分类判别数据集，测试了参数值变化对特征选择分类的影响，并设计了随机参数自适应控制策略，以实现特征子集的自动选择。该方法从算法本身出发，加快了特征选择算法的收敛，但无法从根本上解决特征子集的特征数目未知的问题。

（3）菌群特征选择算法的应用。目前，菌群特征选择算法的应用主要集中于解决工程领域的故障检测、医疗领域的病例分类决策，以及电信、银行等领域的客户分类问题。Wang 等成功将基于权重系数的菌群特征选择优化算法应用于航天领域飞行器结构在线健康度的检测[17, 21, 22]。在线诊断系统显示，在分类器之前加入特征选择的数据预处理过程，能够很好地协助工程人员缩小检测范围并提高故障检测的准确性。在医疗领域，新型的菌群特征选择算法采用离散优化和多重特征加权策略[13]，成功应用于 15 种具有高维特征的临床医学肿瘤的分类决策问题。尽管菌群特征选择算法的应用以单目标优化为主，但相比其他分类算法，它能够达到更快的收敛速度和更好的分类效果。然而，该类算法主要应用于最优特征组合的特征数目可以预估或者特征数目相对较小的问题，难以在高维特征问题上取得较好的效果。

根据目前的研究成果可知，基于细菌行为的特征选择算法，无论是基于权重系数的特征选择，还是基于决策参数的特征选择，都能够很大程度地提高分类决策的准确性，展现其解决更为复杂的高维数据分类预测问题的巨大潜力。在后面的章节中将详细介绍基于其他智能优化算法的特征选择算法及从不同的策略角度挖掘菌群优化算法在特征选择方面的应用。

1.4　本　章　小　结

本章首先介绍了最优化问题的概念，阐述了单目标和多目标优化问题及其数学表达内容。其次，引入了群体智能优化算法的理念，归纳了几种典型的群体智能优化算法，包括 ACO 算法、PSO 算法、ABC 算法、BSO 算法，内容涵盖了算法原理、基本流程和相应步骤。最后，介绍了基于智能计算的多目标特征选择算法，分析了此类算法的优势及其可研究性，并引入了基于细菌行为的特征选择算法，介绍了当前的热点研究工作，展现了菌群优化算法在解决应用问题方面的优异性能和较大发展潜力。

参 考 文 献

[1] Xue B，Zhang M J，Browne W N，et al. A survey on evolutionary computation approaches to feature selection. IEEE Transactions on Evolutionary Computation，2016，20（4）：606-626.

[2] Kennedy J，Eberhart R C. Swarm Intelligence. San Francisco：Morgan Kaufmann Publishers Inc，2011.

[3] 陈卫东，蔡荫林，于诗源. 工程优化方法. 哈尔滨：哈尔滨工程大学出版社，2006.

[4] Dorigo M. Optimization，Learning and Natural Algorithms. Milano：Politecnico di Milano，1992.

[5] Kennedy J，Eberhart R C. Particle swarm optimization. IEEE International Conference on Neural Networks，1995.

[6] Karaboga D. An idea based on honey bee swarm for numerical optimization. Technical Report-TR06，Erciyes University，2005.

[7] Shi Y H. Brain storm optimization algorithm. International Conference in Swarm Intelligence，2011.

[8] Nag K，Pal N R. A multiobjective genetic programming-based ensemble for simultaneous feature selection and classification. IEEE Transactions on Cybernetics，2016，46（2）：499-510.

[9] Das A K，Das S，Ghosh A. Ensemble feature selection using bi-objective genetic algorithm. Knowledge-Based Systems，2017，123：116-127.

[10] Xue B，Fu W L，Zhang M J. Differential evolution（DE）for multi-objective feature selection in classification. Genetic and Evolutionary Computation Conference，2014.

[11]　Xue B，Cervante L，Shang L，et al. Binary PSO and rough set theory for feature selection：a multi-objective filter based approach. International Journal of Computational Intelligence and Applications，2014，13（2）：1450009.

[12]　Wang H，Niu B. A novel bacterial algorithm with randomness control for feature selection in classification. Neurocomputing，2017，228：176-186.

[13]　Wang H，Jing X J，Niu B. A discrete bacterial algorithm for feature selection in classification of microarray gene expression cancer data. Knowledge-Based Systems，2017，126：8-19.

[14]　Chen Y P，Li Y，Wang G，et al. A novel bacterial foraging optimization algorithm for feature selection. Expert Systems with Applications，2017，83：1-17.

[15]　Tan L J，Wang H，Yang C，et al. A multi-objective optimization method based on discrete bacterial algorithm for environmental/economic power dispatch. Natural Computing，2017，16：549-565.

[16]　Pandi V R，Panigrahi B K，Hong W C，et al. A multiobjective bacterial foraging algorithm to solve the environmental economic dispatch problem. Energy Sources，Part B：Economics，Planning，and Policy，2014，9（3）：236-247.

[17]　Wang H，Jing X J，Niu B. Bacterial-inspired feature selection algorithm and its application in fault diagnosis of complex structures. IEEE Congress on Evolutionary Computation，2016.

[18]　Wang H，Jing X J. Fault diagnosis of sensor networked structures with multiple faults using a virtual beam based approach. Journal of Sound and Vibration，2017，399：308-329.

[19]　Wang H，Jing X J. Vibration signal-based fault diagnosis in complex structures：a beam-like-structure approach. Structural Health Monitoring，2017，17（3）：472-493.

[20]　Wang H，Jing X J，Niu B. A weighted bacterial colony optimization for feature selection. International Conference on Intelligent Computing，2014.

[21]　Wang H，Jing X J. A sensor network based virtual beam-like structure method for fault diagnosis and monitoring of complex structures with improved bacterial optimization. Mechanical Systems and Signal Processing，2017，84：15-38.

[22]　Wang H，Jing X J. An optimized virtual beam based event-oriented algorithm for multiple fault localization in vibrating structures. Nonlinear Dynamics，2018，91：2293-2318.

第2章 细菌觅食优化算法

作为群体智能的一个分支,细菌觅食优化(bacterial foraging optimization, BFO)算法主要模拟大肠杆菌的觅食行为[1]。在觅食过程中,当鞭毛逆时针转动时,细菌向前游动;当鞭毛顺时针转动时,细菌通过翻转转换游动方向。同时,当环境中有引诱剂或者排斥剂时,细菌会朝着特定的方向游动,否则就会随机游动[2]。在经过不断搜索后,获得充足食物的细菌会快速生长并一分为二,未能获得充足食物的细菌则会消亡。当环境中的食物被消耗殆尽或环境突然恶化时,细菌则会游动到其他搜索区域。大肠杆菌在整个觅食过程的行为包括趋向食物、迅速繁殖、营养物消耗后消亡和迁移。

基于上述细菌对化学物质浓度反应的行为的研究,2002年,Muller等提出了细菌趋药性(bacterial chemotaxis, BC)算法[3]。同年,Passino根据大肠杆菌的觅食行为提出了BFO算法[4]。BC算法和BFO算法成了最早的细菌启发式优化算法。其中,BC算法利用单个细菌寻优,搜索过程简单[3]。BFO算法利用细菌群体寻优,具备良好的局部搜索能力和并行处理能力[5]。相比于BFO算法,BC算法随机性大、寻优效果较差[6]。目前,国内外学者已经对BFO算法展开了大量的研究,并将其成功应用于一系列工程技术类问题[7, 8]。

虽然BFO算法可以解决工程领域的相关问题,但它存在收敛速度慢、计算复杂度高等缺点,这限制了其应用的广泛性。为了解决算法存在的问题,国内外学者尝试从多个维度提出改进算法的策略,如趋化步长策略、生命周期模型策略、复制迁移操作、种群初始化策略、拓扑结构等,以便进一步提升算法的性能。为了区别于传统的BFO算法,本书将这一系列改进的BFO算法统称为新型菌群优化算法。本章首先介绍传统的BFO算法,然后重点介绍新型菌群优化算法。

2.1 传统的细菌觅食优化算法

大肠杆菌寄居在人和动物的肠道中,主要由细胞膜、细胞壁、细胞质和细胞核组成,且全身被鞭毛覆盖[9]。在漫长的进化过程中,大肠杆菌通过对周围环境中营养物质的感知能力和群体协作能力,有效地搜寻食物维持生存。在觅食过程中,细菌通过鞭毛的转动来搜寻营养物质丰富的区域,并向之翻转或游动[10]。翻转是指细菌朝着任意方向运动单位步长的行为，当细菌处在不利于生长或营养物质浓度较低的环境时，会进行翻转。如果所处环境变好，细菌则会朝着同一方向移动若干步，直到所处环境没有变得更好，或者预定的移动步数已经达到，这一过程称为游动[11]，细菌的翻转和游动行为如图 2-1 所示。细菌在搜寻食物的过程中，会接收群体中其他细菌发出的信号，细菌会结合自身情况及接收的信号来指导其往更好的位置游动[2]。在营养物质充分的环境中，细菌能够获取足够的食物增加长度，且当温度适宜时，细菌会产生繁殖行为，它们会从自身中间断裂开来，形成两个完全一样的细菌，完成自身的复制。另外，细菌生存环境的改变不单是由细菌群体消化食物所致，也有可能是因为外部环境的突变，如温度突然上升可以杀死该环境下的细菌；水的冲刷作用可能使该细菌群体迁移到其他环境中；或者其他的细菌群体进入到该细菌的生存环境。以上是大肠杆菌的整个觅食过程，Paissino 基于此过程提出了细菌觅食优化算法，简称 BFO 算法。

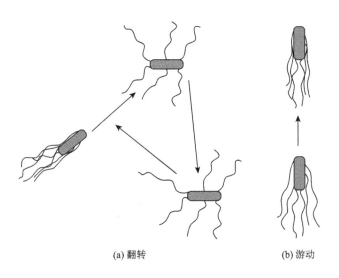

(a) 翻转　　　　　　　　　(b) 游动

图 2-1　细菌的翻转和游动

具体地，趋化操作是通过模拟细菌在觅食过程中的翻转和游动行为而设计的。同时，根据搜寻食物过程中细菌与细菌之间的信号传递的特征设计了群体感应（quorum sensing，QS）机制，趋化操作与群体感应机制的结合可以提高算法的局部搜索精度。通过模拟细菌在营养物质充足的环境中的生长繁殖的过程设计了复制操作，主要用于加速算法收敛。通过模拟细菌因为环境的突变而产生的行为设计了消亡和迁移操作，以防止算法陷入局部最优。以下就 BFO 算法的原理和实现步骤进行详细介绍。

2.1.1　算法原理

在 BFO 算法模型中,首先对优化问题进行编码;其次对此问题的解进行定义,即明确评价函数的适应值;最后通过细菌在寻优空间中的随机搜索来寻找最优解。BFO 算法包括趋化、复制及消亡和迁移三大基本操作,并在趋化操作中加入了群体感应机制。通过以上过程的迭代来实现优化问题的求解。

1. 趋化操作

趋化操作包括翻转和游动两大行为。翻转确定细菌的游动方向,如果细菌向前游动若干步长有更好的适应值,则会沿着该方向继续游动,直至此方向所能够达到的游动步长阈值或者其适应值下降,在一个运行周期内翻转和游动行为交替变换,如图 2-2 所示。具体地,细菌沿着某个方向移动一步所发生的变化可表示为

$$\theta^i(j+1,k,l) = \theta^i(j,k,l) + C(i)\frac{\Delta(i)}{\sqrt{\Delta^{\mathrm{T}}(i)\Delta(i)}} \tag{2-1}$$

其中,$\theta^i(j,k,l)$ 为第 i 个细菌在第 j 次趋化操作、第 k 次复制操作及第 l 次消亡和迁移操作后在寻优空间的位置;$C(i) > 0$,$C(i)$ 为在选定的方向上游动的单位步长;$\Delta(i)$ 为在 0 到 1 之间产生的随机数;$\Delta(i)\big/\sqrt{\Delta^{\mathrm{T}}(i)\Delta(i)}$ 为细菌通过翻转选择的游动方向。

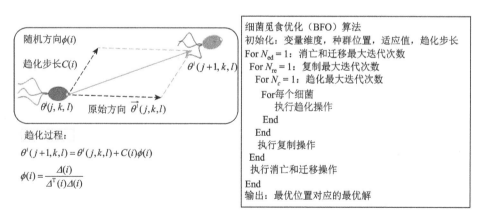

图 2-2　BFO 算法的趋化操作

2. 群体感应机制

在细菌觅食过程中,细菌的游动决策不仅取决于细菌本身对新位置的适应值的判断,还受到环境中其他细菌传递的信号的影响。其中,传递的信号包括两类:

一类是细菌传递的当前位置的营养液浓度的信息，称为引力信号，其他细菌由此来判断是否向着该细菌的方向游动；另一类是细菌在当前环境中遭遇有害物质而传递的信号，称为斥力信号，以此来警告其他细菌，保持相对安全的距离，避免进入有害区域。这种细菌间传递信号的现象称为群体感应机制，该现象用公式表示如下：

$$
\begin{aligned}
J_{\mathrm{CC}}(\theta, p(j,k,l)) &= \sum_{i=1}^{S} J_{\mathrm{CC}}^{i}(\theta, \theta^{i}(j,k,l)) \\
&= \sum_{i=1}^{S}\left[h_{\mathrm{repellent}} \exp\left(-\omega_{\mathrm{repellent}} \sum_{m=1}^{P}(\theta_m - \theta_m^i)^2 \right) \right] \\
&\quad + \sum_{i=1}^{S}\left[-d_{\mathrm{attract}} \exp\left(-\omega_{\mathrm{attract}} \sum_{m=1}^{P}(\theta_m - \theta_m^i)^2 \right) \right]
\end{aligned}
\tag{2-2}
$$

其中，S 为细菌的总个数；$p(j,k,l) = \{\theta^i(j,k,l),\ i=1,2,3,\cdots,S\}$ 为种群中每个细菌个体的位置；d_{attract}、$\omega_{\mathrm{attract}}$ 分别为引力深度和引力宽度；$h_{\mathrm{repellent}}$、$\omega_{\mathrm{repellent}}$ 分别为斥力高度和斥力宽度；θ_m^i 为第 i 个细菌个体的第 m 个分量；θ_m 为整个种群中其他细菌个体的第 m 个分量。一般地，$d_{\mathrm{attract}} = h_{\mathrm{repellent}}$。

所以，在细菌趋化操作中引入群体感应机制，第 i 个细菌个体的适应值可表达为

$$
J(i,j+1,k,l) = J(i,j,k,l) + J_{\mathrm{CC}}(\theta^i(j+1,k,l), p(j+1,k,l)) \tag{2-3}
$$

其中，$J(i,j+1,k,l)$ 为第 i 个细菌个体在第 $(j+1)$ 次趋化操作、第 k 次复制操作及第 l 次消亡和迁移操作后的适应值。

3. 复制操作

在经历趋化操作后，部分觅食能力差的细菌会被淘汰，觅食能力强的细菌通过复制操作来维持整个种群规模不变，与此同时，整个种群的质量也相对提高。这种细菌的复制操作可表达为

$$
J_{\mathrm{health}}^{i} = \sum_{j=1}^{N_c} J(i,j,k,l) \tag{2-4}
$$

其中，J_{health}^{i} 为第 i 个细菌的健康度函数；N_c 为细菌趋化操作次数。对上一个趋化周期中该细菌的所有适应值进行求和，所得即为该细菌的健康度值。

所有细菌的健康度值按升序的方式排列，后面一半的（$S_r = S/2$）细菌被淘汰，其余的细菌进行自我复制。通过复制操作，不仅能确保整个种群的规模保持不变，且整个群体的健康度会更好。

4. 消亡和迁移操作

在 BFO 算法中，种群经历了 N_{re} 次复制操作后，会以给定的概率 p_{ed} 对细菌执

行迁移操作，细菌被重新随机分配到优化区域里。若种群中某个细菌符合迁移发生的概率，则该细菌将在优化区域内消失死亡，与此同时会在优化区域内随机产生一个新的个体（新个体与消亡个体的位置可能不同）。细菌在经历趋化操作、群体感应机制及复制操作以后，有可能会使自己陷入初始解或局部最优解。通过消亡和迁移操作产生的新个体有可能靠近全局最优解，由此可使算法跳出局部最优解，找寻全局最优解。记 N_{ed} 为进行消亡和迁移操作的次数。

2.1.2　算法步骤

步骤 1：初始化参数 p、S、N_c、N_{re}、N_{ed}、p_{ed}、$C(i)(i=1,2,3,\cdots,S)$、θ^i。

步骤 2：消亡和迁移循环：$l=l+1$。

步骤 3：复制循环：$k=k+1$。

步骤 4：趋化循环：$j=j+1$。

（1）令细菌 i 按式（2-1）向前趋进一步。

（2）计算适应值 $J(i,j+1,k,l)$。

$$J(i,j+1,k,l)=J(i,j,k,l)+J_{CC}(\theta^i(j+1,k,l),p(j,k+1,l))$$

引入群体感应机制，$J_{CC}(\theta^i(j+1,k,l),p(j,k+1,l))$ 的计算请参考式（2-2）。

（3）令 $J_{best}=J(i,j,k,l)$，用于存储细菌 i 目前获取的最好的适应值。

（4）翻转。

生成一个随机向量 $\Delta(i)$，其每一个元素 $\Delta_m(i)(m=1,2,3,\cdots,p)$ 都是分布在[−1, 1] 上的随机数，更新细菌位置：

$$\theta^i(j+1,k,l)=\theta^i(j,k,l)+C(i)\frac{\Delta(i)}{\sqrt{\Delta^T(i)\Delta(i)}}$$

其中，细菌 i 沿着随机产生的方向游动的步长为 $C(i)$。

（5）计算下一次趋化的适应值 $J(i,j+1,k,l)$。

$$J(i,j+1,k,l)=J(i,j,k,l)+J_{CC}(\theta^i(j+1,k,l),p(j,k+1,l))$$

（6）游动。

i）令 $m=0$。

ii）若 $m<N_s$，则令 $m=m+1$；若 $J(i,j+1,k,l)<J_{best}$，则令 $J_{best}=J(i,j+1,k,l)$ 且

$$\theta^i(j+1,k,l)=\theta^i(j,k,l)+C(i)\frac{\Delta(i)}{\sqrt{\Delta^T(i)\Delta(i)}}$$

返回（4），用 $\theta^i(j+1,k,l)$ 计算新的 $J(i,j+1,k,l)$。否则，令 $m=N_s$。

（7）返回（2），处理下一个细菌 $i+1$。

步骤5：若 $j < N_c$，返回步骤4进行趋化循环。

步骤6：复制操作。

对给定的 k、l 及每个细菌 $i = 1, 2, 3, \cdots, S$，将细菌的健康度值 J_{health} 按升序的方式排列，后面一半的（$S_r = S/2$）细菌被淘汰，其余的细菌进行自我复制。

步骤7：若 $k < N_{\text{re}}$，则返回步骤4。

步骤8：消亡和迁移操作。

种群经历了 N_{re} 次复制操作后，以给定的概率 p_{ed} 对细菌执行迁移操作，细菌被重新随机分配到优化区域里。如果 $l < N_{\text{ed}}$，则返回步骤3，否则结束寻优。

BFO 算法的流程图如图 2-3 所示。

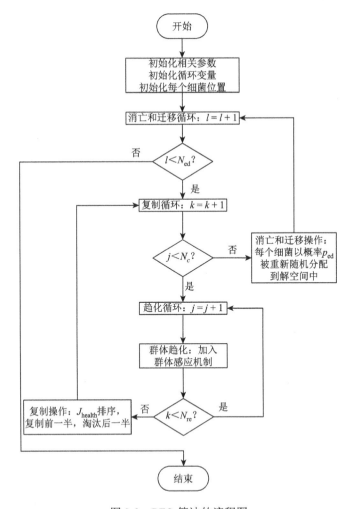

图 2-3　BFO 算法的流程图

2.2　新型菌群优化算法

本节从趋化步长策略、结构简化策略、信息交流策略和生命周期模型策略四个维度介绍新型菌群优化算法。为了详细说明每种策略的思想，本节罗列了每种策略相对应的公式、流程图或伪代码做进一步说明。

2.2.1　基于趋化步长策略的菌群优化算法

在觅食过程中，当遇到营养物质丰富的环境时，细菌会在这个环境范围内持续开采；当遇到营养物质贫瘠或有害的环境时，细菌会快速游离这个环境，探索营养物质丰富的区域。趋化步长 $C(i)$［如式（2-1）所示］在细菌上述行为模式中起着重要的作用。在传统 BFO 算法中，$C(i)$ 是一个固定的常数。这意味着不论处在何种环境，细菌每一次游动的距离都是一样的。在这种情况下，如果 $C(i)$ 设置得太大，虽然细菌可以快速移动，但是细菌可能会直接跳过全局最优而无法搜索到最优解；如果 $C(i)$ 设置得太小，虽然有利于局部搜索，但是细菌可能需要更多的时间才能找到全局最优解，而且易于陷入局部最优[12]。为了让细菌在觅食过程中达到全局搜索和局部搜索之间的平衡，学者提出了多种趋化步长改进策略。这些策略主要分为非自适应策略和自适应策略两类。

非自适应策略是指随着迭代的进行最大步长逐渐递减到最小步长。如 Chen 和 Lin 提出了名为 iBFO 的新型菌群优化算法[13]，其线性递减的趋化步长策略如式（2-5）所示①。其中，$C_{\max}$ 和 $C_{\min}$ 分别为最大和最小趋化步长；N_C 为总趋化次数；j 为当前趋化次数。Niu 等提出了趋化步长非线性递减的新型菌群优化算法[14]，如式（2-6）所示。其中，iter 为当前迭代次数；$\text{iter}_{\max}$ 为最大迭代次数；λ 为取值范围在 $(0,7]$ 的调节因子；n 为调节指数。基于文献[14]中的策略，Niu 等提出了两种新型菌群优化算法：具有线性递减趋化步长的 BFO（BFO-linear decreasing chemotaxis step size，BFO-LDC）算法和具有非线性递减趋化步长的 BFO（BFO-nolinear decreasing chemotaxis step size，BFO-NDC）算法[12]。BFO-LDC 算法中线性递减趋化步长策略如式（2-7）所示，BFO-NDC 算法中非线性递减趋化步长策略如式（2-8）所示。从式（2-5）和式（2-7）可以看出，趋化步长 $C_{\max}$ 随着趋化或迭代的进行线性递减到 $C_{\min}$。从式（2-6）和式（2-8）可以看出，策略式（2-8）是策略式（2-6）的特殊情况。随着迭代的增加，趋化步长由 $C_{\max}$ 非

---

① 为了保持本章符号的一致性，在引用文献时，对不同文献中细菌趋化、复制、消亡和迁移操作的符号进行了统一。

线性递减到 $C_{\min}$。关于 λ 和 n 对趋化步长的影响,文献[14]选择子Sphere和Rastrigin这两个测试函数进行实验,当 $\lambda \in [1.5, 6]$, $n \in [2, 4]$ 时,Sphere 函数可以快速收敛并获得较高的解精度;当 $\lambda \in [2, 4]$, $n \in [2, 6]$ 时,Rastrigin 函数可以获得较好的解。

$$C(i) = C_{\max} - \frac{(C_{\max} - C_{\min})}{N_C} \times j \tag{2-5}$$

$$C(i) = C_{\min} + \exp\left(-\lambda \times \left(\frac{\text{iter}}{\text{iter}_{\max}}\right)^n\right) \times (C_{\max} - C_{\min}) \tag{2-6}$$

$$C(i) = C_{\min} + \frac{\text{iter}_{\max} - \text{iter}}{\text{iter}_{\max}}(C_{\max} - C_{\min}) \tag{2-7}$$

$$C(i) = C_{\min} + \exp\left(-\lambda \times \left(\frac{\text{iter}}{\text{iter}_{\max}}\right)^2\right) \times (C_{\max} - C_{\min}) \tag{2-8}$$

自适应策略是指趋化步长的变化与细菌所处的环境有关系(如营养物浓度)。例如,Chen 等提出了一种名为 SA-BFO(self-adaptive BFO,自适应细菌觅食优化)算法的新型菌群优化算法,SA-BFO 算法的流程如图 2-4 所示。在 SA-BFO 算法中,细菌根据自身适应值的提高与否,可以自行选择进行局部搜索或全局搜索。在此原则的指导下,细菌可以根据某些规则从 C_{initial}、C_i 和 C_i / α 中自行选择合适的趋化步长(自适应步骤)[15]。随后,SA-BFO 算法被用来优化基准函数[16, 17]、优化线性和非线性均衡器的权重[18]及解决模糊熵问题[19]。Majhi 等提出了一种自适应 BFO(adaptive bacterial foraging optimization,ABFO)算法来预测股票市场指数[20],ABFO 算法也被用来解决 PMSM(permanent magnet synchronous motor,永磁同步电动机)驱动问题[21]和脑磁共振图像分割问题[22]。在 ABFO 算法中,细菌根据自身适应值来改变趋化步长,策略如式(2-9)所示。其中,α 为一个正常数,J^i 为第 i 个细菌的适应值函数。Supriyono 和 Tokhi 开发了三种加入自适应趋化策略的新型菌群算法(adaptive bacterial foraging algorithm,ABFA),即线性 ABFA(linearly ABFA,LABFA)、二次 ABFA(quadratic ABFA,QABFA)和指数 ABFA(exponentially ABFA,EABFA)[23],三种策略如式(2-10)、式(2-11)、式(2-12)所示。基于提出的 ABFA,作者在 QABFA 和 EABFA 中增加了两个可调比例因子来自动调整趋化步长[24],从而使细菌可以移动到全局最优而不会发生振荡,策略如式(2-13)、式(2-14)所示。其中,b 为可调节正因子,d 和 g 为可调节正比例因子。从式(2-8)至式(2-14)可以看出,自适应策略中,细菌的趋化步长与自身的适应值密切相关。当适应值较小时,$C(i)$ 也较小,意味着细菌将在营养丰富的环境中继续开采;当适应值较大时,$C(i)$ 也较大,意味着细菌将会快速游离营养贫瘠的环境。关于各种调节因子对趋化步长的影响,请查阅文献[23]和文献[24]。更多趋化步长策略请参考文献[5, 25-30]。

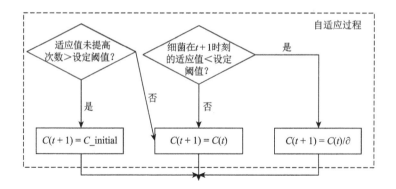

图 2-4　SA-BFO 算法的流程图（截取自适应过程）

$$C(i) = \frac{1}{1 + \dfrac{\alpha}{|J^i|}} \tag{2-9}$$

$$C(i)_1 = \frac{C_{\max}}{1 + \dfrac{b}{d|J^i|}} \tag{2-10}$$

$$C(i)_q = \frac{C_{\max}}{1 + \dfrac{b}{d(|J^i| + |J^i|^2)}} \tag{2-11}$$

$$C(i)_e = \frac{C_{\max}}{1 + \dfrac{b}{e^{d|J^i|}}} \tag{2-12}$$

$$C(i)_{aq} = \frac{C_{\max}}{1 + \dfrac{b}{d((g|J^i|) + (g|J^i|)^2)}} \tag{2-13}$$

$$C(i)_{ae} = \frac{C_{\max}}{1 + \dfrac{b}{de^{(g|J^i|)}}} \tag{2-14}$$

2.2.2　基于结构简化策略的菌群优化算法

传统 BFO 算法包含趋化、复制、消亡和迁移三种行为模式，并且这三种行为模式是一个三层嵌套结构，因此，与其他群体智能优化算法相比，传统 BFO 算法更为复杂。

　　学者尝试减少传统 BFO 算法的三种行为模式，来降低计算复杂度和提高收敛速度。Mishra 等只保留趋化操作进行参数优化[31]，伪代码如下（伪代码 1）。Dasgupta 等提出了一种名为 μ-BFO 算法的微型菌群优化算法（种群规模为 3）。μ-BFO 算法包含趋化和复制、操作，在趋化操作后，三个细菌根据适应值的优劣更新其位置[32]。μ-BFO 算法的流程图如图 2-5 所示。同时，一些学者也尝试简化传统 BFO 算法的三层嵌套结构。Niu 等提出了一种名为 SRBFO（structure redesigned BFO，结构重新设计的细菌觅食优化）算法的新型菌群优化算法，用于处理投资组合选择问题[33]和基准函数优化问题[34]。在 SRBFO 算法中，三层嵌套结构被替换为单循环结构，算法的收敛速度和计算时间得到了很大的改善。随后，Niu 等提出了 CMBFO（cooperative multi-objective BFO，协同多目标细菌觅食优化）算法，用来解决多级供应链优化问题。在算法结构上，CMBFO 算法只保留了 SRBFO 算法中的趋化和复制操作[35]。SRBFO 算法的伪代码如下（伪代码 2）。更多结构简化策略请参考文献[36-38]。

伪代码 1：基于趋化操作的新型菌群优化算法的伪代码

第一步：初始化

　　　　初始化细菌个数 S，需要优化的参数 p，游动次数 N_s，细菌的位置 P

第二步：算法迭代

　　　　趋化循环

　　　　　　对于每一个细菌

　　　　　　　　（1）计算细菌的适应值

　　　　　　　　（2）比较适应值，并选择翻转或游动操作

　　　　　　循环结束，输出结果

迭代结束

伪代码 2：SRBFO 算法的伪代码

第一步：初始化

　　　　初始化细菌个数 S，趋化次数 N_c，游动次数 N_s，细菌的位置 P

第二步：算法迭代

　　　　趋化开始

　　　　　　（1）计算适应值，比较适应值，并选择翻转或游动操作

　　　　　　（2）当 mod（趋化次数，复制次数）＝ 0 时，执行复制操作

　　　　　　（3）当 mod（趋化次数，消亡次数）＝ 0 时，执行消亡操作

　　　　趋化结束

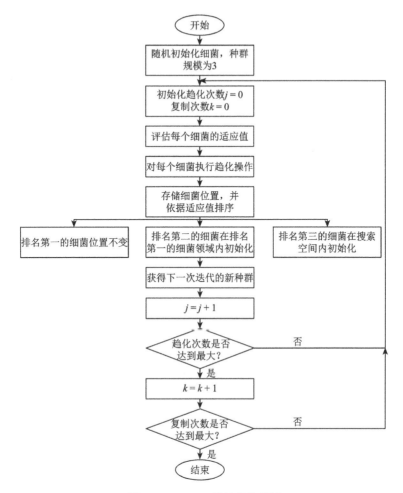

图 2-5 μ -BFO 算法的流程图

2.2.3 基于信息交流策略的菌群优化算法

由于传统 BFO 算法中的群体感应机制不会对算法的性能产生较大的影响，甚至在有些条件下还会降低算法的性能，因此学者一般不考虑传统算法中的群体感应机制。在这种情况下，细菌就没有向其他细菌学习或与其他细菌交流的机会[39]。单个细菌通过趋化步长和随机方向在搜索空间中移动，会增加搜索的随机性并降低收敛速度。

为了解决上述问题，有学者提出了基于信息交流策略的新型菌群优化算法，该算法引导细菌朝着全局最优的方向移动，加快收敛速度。Gu 等基于全连接型（full connected）、环型（ring）、星型（star）和冯诺伊曼型（von Neumann）拓扑结构，构建了四种信息交流策略（图 2-6），并提出了 BFO-FC、BFO-Ri、BFO-ST 和 BFO-VN 四种新型菌群优化算法[40]。BFO-Ri 算法和 BFO-ST 算法也成功被用来处理多目标问题[41]。四种信息交流策略如式（2-15）至式（2-18）所示。其中，$B_i(j,k,l)$ 为第 i 个细菌的历史最佳位置；i_left、i_right、i_above、i_below 分别为第 i 个细菌左侧、右侧、上方和下方的最近邻；i_hub 为菌群的中心；w,c,r 分别为惯性权重、学习因子和[0, 1]的随机数。通过式（2-15）至式（2-18）可以看出，在 BFO-FC 算法中，细菌要与其他所有细菌进行交流；在 BFO-Ri 算法中，细菌只与其左右邻居进行交流；在 BFO-ST 算法中，选择一个细菌作为中心，然后其他细菌只与中心细菌进行交流，非中心细菌之间没有交流；在 BFO-VN 算法中，细菌之间通过网格连接，每个细菌只和与其连接的细菌进行交流。细菌在翻转过程中通过选择上述不同的信息交流策略，来引导自身朝着更优的方向移动。

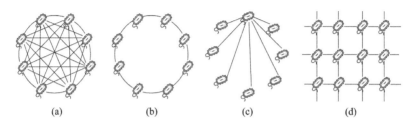

$$\qquad\qquad(a)\qquad\qquad\qquad(b)\qquad\qquad\qquad(c)\qquad\qquad\qquad(d)$$

图 2-6　4 种拓扑结构

$$\theta_i(j+1,k,l) = w \times \theta_i(j,k,l) + \sum_{n=1}^{N} c_n r_n (B_i(j,k,l) - \theta_i(j,k,l)) \qquad (2\text{-}15)$$

$$\begin{aligned}\theta_i(j+1,k,l) = &w \times \theta_i(j,k,l) + c_1 r_1 (B_{i\_\text{left}}(j,k,l) - \theta_i(j,k,l)) \\ &+ c_2 r_2 (B_{i\_\text{right}}(j,k,l) - \theta_i(j,k,l))\end{aligned} \qquad (2\text{-}16)$$

$$\theta_i(j+1,k,l) = w \times \theta_i(j,k,l) + c_1 r_1 (B_{i\_\text{hub}}(j,k,l) - \theta_i(j,k,l)) \qquad (2\text{-}17)$$

$$\begin{aligned}\theta_i(j+1,k,l) = &w \times \theta_i(j,k,l) + c_1 r_1 (B_{i\_\text{left}}(j,k,l) - \theta_i(j,k,l)) \\ &+ c_2 r_2 (B_{i\_\text{right}}(j,k,l) - \theta_i(j,k,l)) \\ &+ c_3 r_3 (B_{i\_\text{above}}(j,k,l) - \theta_i(j,k,l)) \\ &+ c_3 r_3 (B_{i\_\text{below}}(j,k,l) - \theta_i(j,k,l))\end{aligned} \qquad (2\text{-}18)$$

此外，Tan 等提出了一种自适应综合学习的菌群优化算法[42]，综合学习机制如式（2-19）至式（2-23）所示。其中，S 为种群规模。d 为细菌的第 d 个维度。pbest_{id} 和 gbest_{id} 为个体历史最优和全局最优。a 和 b_i 的取值为 0 或者 1。n 和 m 为随机选择的两个细菌。p_c^i 为第 i 个细菌的学习概率，当 p_c^i 较大时，细菌 i 主要向自身历史最优学习；当 p_c^i 较小时，细菌 i 主要向全局最优学习。ε 为一个固定参数。λ 取值范围为[0, 1]，并且与 p_c 的取值有关。通过式（2-19）至式（2-23）可以看出，细菌在觅食过程中，会向个体历史最优、全局最优及随机选择的两个细菌（pbest_m 和 pbest_n）的历史最优学习。

$$\theta_i^d(j+1,k,l) = \theta_i^d(j,k,l) + C(i)\frac{\Delta(i)}{\sqrt{\Delta^T(i)\Delta(i)}} + \lambda r_1(\text{pbest}_{id} - \theta_i^d(j,k,l)) \tag{2-19}$$
$$+ (1-\lambda)r_2(\text{gbest}_{id} - \theta_i^d(j,k,l))$$

$$\text{pbest}_{id} = a \times \text{pbest}_{\text{compet}} + (1-a) \times \text{pbest}_{id} \tag{2-20}$$

$$\text{pbest}_{\text{compet}} = b_i \times \text{pbest}_n + (1-b_i) \times \text{pbest}_m \tag{2-21}$$

$$p_c^i = \varepsilon + (0.5-\varepsilon) \times \frac{e^{t_i} - e^{t_1}}{e^{t_S} - e^{t_1}}, t_i = \frac{5(i-1)}{S-1} \tag{2-22}$$

$$\lambda = \text{ceil}(\text{rand} - 1 + p_c) \tag{2-23}$$

另外，Niu 等将 PSO 算法的速度更新思想融入传统 BFO 算法中，提出了基于中心学习交流机制的新型菌群优化算法，用来解决三级供应链优化问题[43]。中心学习交流机制如式（2-24）至式（2-28）所示。其中，v_{ij}^t 和 v_{ij}^{t+1} 为细菌第 t 次和第 $t+1$ 次迭代的速度；$\text{pbest}_{\text{Ctr}j}^{t+1}$ 为第 $t+1$ 次迭代时的全局最优；$\text{pbest}_{\text{rand}j}^{t+1}$ 为随机选择的细菌在第 $t+1$ 次迭代时的个体最优；P_{Ctr} 为选择概率；$\text{Max}G$ 为最大迭代次数；t 为当前迭代次数。从式（2-27）、式（2-28）可以看出，细菌在迭代初始阶段，向个体历史最优、中央/全局最优和随机个体学习，在迭代后期向个体历史最优和中央/全局最优学习。在文献[35]中，Niu 等还增加了合作进化机制，如式（2-29）至式（2-33）所示。其中，$\text{Infor}_{\text{rand}}^i$ 为细菌在搜索过程中从随机方向获得的信息；$\text{Infor}_{\text{neigh}}^i$ 为细菌在搜索过程通过与菌群最优个体交流获得的信息；$\text{Infor}_{\text{ext}}^i$ 为细菌在搜索过程中与外部档案中最优个体交流获得的信息。细菌通过与这三类个体进行交流来引导自身朝着更优的方向移动，从而提高算法的收敛速度和寻优速度。更多的信息交流策略请参考文献[44-55]。

$$v_{ij}^{t+1} = v_{ij}^t + c_1 r_1(\text{pbest}_{ij}^{t+1} - \theta_{ij}^{t+1}) + c_2 r_2(\text{pbest}_{\text{Ctr}j}^{t+1} - \theta_{ij}^{t+1}) + c_3 r_3(\text{pbest}_{\text{rand}j}^{t+1} - \theta_{ij}^{t+1}) \tag{2-24}$$

$$v_{ij}^{t+1} = v_{ij}^t + c_1 r_1(\text{pbest}_{ij}^{t+1} - \theta_{ij}^{t+1}) + c_2 r_2(\text{pbest}_{\text{Ctr}j}^{t+1} - \theta_{ij}^{t+1}) \tag{2-25}$$

$$\theta_{ij}^{t+1} = \theta_{ij}^t + v_{ij}^{t+1} \tag{2-26}$$

$$P_{\text{Ctr}} = \sum_{i=1}^n P_i / n \tag{2-27}$$

$$\begin{cases} \text{用式}(2\text{-}24)\text{和式}(2\text{-}26)\text{更新位置，} & \text{rand} \leqslant \dfrac{\text{Max}G - t}{\text{Max}G - 1} \\ \text{用式}(2\text{-}25)\text{和式}(2\text{-}26)\text{更新位置，} & \text{rand} > \dfrac{\text{Max}G - t}{\text{Max}G - 1} \end{cases} \tag{2-28}$$

$$\theta^i(j+1,k,l) = \theta^i(j,k,l) + C(i)\text{Direc}^i(j,k,l) \tag{2-29}$$

$$\text{Direc}^i(j,k,l) = c_1 \, \text{Infor}^i_{\text{rand}} + c_2 \times \text{rand} \times \text{Infor}^i_{\text{neigh}}$$
$$+ c_3 \times \text{rand} \times \text{Infor}^i_{\text{ext}} \tag{2-30}$$

$$\text{Infor}^i_{\text{rand}} = \frac{\Delta(i)}{\sqrt{\Delta^{\text{T}}(i)\Delta(i)}} \tag{2-31}$$

$$\text{Infor}^i_{\text{neigh}} = \theta^{\text{gbest}}(j,k,l) - \theta^i(j,k,l) \tag{2-32}$$

$$\text{Infor}^i_{\text{ext}} = \text{rep}_h - \theta^i(j,k,l) \tag{2-33}$$

2.2.4　基于生命周期模型策略的菌群优化算法

上述提出的新型菌群优化算法都是以细菌整体作为研究对象的。为了深入研究细菌行为，一些学者从生命周期的角度研究了细菌在不同生命阶段的个体及群体行为。细菌从出生到死亡历经的每个阶段共同构成了细菌的生命周期。Niu 等提出了一个生命周期模型（life cycle model，LCM）来对单个细菌的趋化、复制、消亡和迁移操作进行仿真[56]，并融入群体感应机制提出了 LCM-QS 以研究群体感应机制对趋化过程的影响[57]，LCM-QS 如图 2-7 所示。

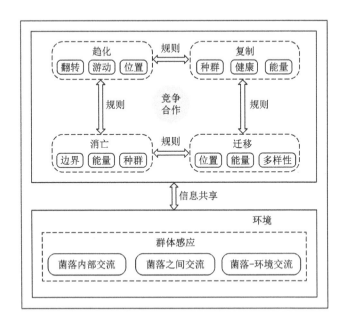

图 2-7　LCM-QS

随后，Niu 和 Wang 提出了细菌菌落优化（bacterial colony optimization，BCO）

算法来模仿单个细菌的进化过程。在 BCO 算法中，整个过程包括趋化与交流操作
（图 2-8）、复制与消亡操作、迁移操作[58]。随后，BCO 算法被用于处理堆场卡车
的调度和存储分配问题[59]及特征选择问题[60]。BCO 算法的三种行为模式如式（2-34）
至式（2-36）所示。其中，$\text{Tumb}_{\text{Infor}}$ 和 Ru_{Infor} 分别为细菌翻转和游动时获得的信
息；$\Delta(i)$ 为第 i 个细菌的随机方向；L_{given} 为给定的复制或消亡条件；Healthy 为健
康细菌；$\text{Candidate}_{\text{repr}}$ 和 $\text{Candidate}_{\text{eli}}$ 为进行复制操作和消亡操作的候选细菌；ub
和 lb 为寻优空间的上下边界；rand 为[0,1]的随机数。结合式（2-34）至式（2-36）
可以看出，在趋化与交流操作中，细菌个体位置的变化由细菌个体的历史信息、
游动获得的信息和随机方向的信息决定。在复制与消亡操作中，按照从小到大的
顺序对细菌个体的适应值排序，将适应值小的细菌选为健康细菌（最小值问题），
然后通过条件判定细菌个体的复制或者消亡。在迁移操作中，细菌通过迁移获得
更多的营养，避免陷入局部最优。

$$\theta_i^t = \theta_i^{t-1} + r_i \times (\text{Ru}_{\text{Infor}}) + r\Delta(i)$$

$$\theta_i^t = \theta_i^{t-1} + r_i \times (\text{Tumb}_{\text{Infor}}) + r\Delta(i) \tag{2-34}$$

$$\begin{cases} i \in \text{Candidate}_{\text{repr}}, & L_i > L_{\text{given}}, \text{且} i \in \text{Healthy} \\ i \in \text{Candidate}_{\text{eli}}, & L_i < L_{\text{given}}, \text{且} i \in \text{Healthy} \end{cases} \tag{2-35}$$

$$\theta_i^t = \text{rand} \times (\text{ub} - \text{lb}) + \text{lb} \tag{2-36}$$

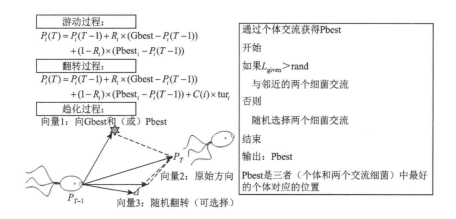

图 2-8　BCO 算法的趋化与交流操作

基于生命周期模型的概念[56]，有学者尝试对其进行改进，并提出了基于改进
生命周期模型的新型菌群优化算法[17,61]。改进生命周期模型中的细菌营养更新、
细菌分裂和消亡如式（2-37）至式（2-39）所示。

$$N(i) = \begin{cases} N(i)+1, & J(i) > \text{Jlast} \\ N(i)-1, & J(i) < \text{Jlast} \end{cases} \tag{2-37}$$

$$N(i) > \max\left(N_{\text{split}}, N_{\text{split}} + \frac{(S^i - S)}{N_{\text{adapt}}}\right) \tag{2-38}$$

$$N(i) < \min\left(0, 0 + \frac{(S^i - S)}{N_{\text{adapt}}}\right) \tag{2-39}$$

其中，N 为营养，如果细菌获得营养，则 N 加 1，反之 N 减 1；Jlast 为细菌上一个位置的适应值；N_{split} 和 N_{adapt} 为调控分裂和消亡的参数，当 N 大于 N_{split} 时细菌分裂，当 N 小于 0 时细菌消亡；S^i 为当前菌群规模，初始化时 $S^i = S$，随着迭代的增加，菌群规模动态变化。由式（2-37）至式（2-39）可知，细菌在其生命周期内，根据自身营养情况进行分裂和消亡，这种机制更符合自然规律——细菌的行为模式取决于其所处的环境。

2.2.5 简单点评

本章主要从趋化步长策略、结构简化策略、信息交流策略及生命周期模型策略四个角度介绍了新型菌群优化算法。现就这四种策略进行简单分析。

（1）趋化步长策略。趋化步长策略主要分为非自适应趋化步长策略和自适应趋化步长策略。在非自适应趋化步长策略中，趋化步长随着时间的推移由最大值线性或非线性递减到最小值。对自适应趋化步长策略而言，趋化步长与细菌个体适应值有关，当个体适应值接近全局最优时，趋化步长变小；当个体适应值远离全局最优时，趋化步长变大。对比两种策略，自适应趋化步长策略更符合现实动态环境。

（2）结构简化策略。结构简化策略主要包括减少细菌的操作和简化三层嵌套结构。细菌在觅食过程中有趋化、复制、消亡和迁移三种行为，在模拟这三种行为模式时采用嵌套结构，因此有学者尝试减少细菌觅食过程中的非重要操作（如复制或者消亡）来对三层嵌套结构进行降维，从而降低计算的复杂度。但是，复制和消亡操作对提高菌群质量和细菌的全局搜索能力起着一定的作用。因此，通过减少非重要操作来降低计算复杂度，在一定程度上可能会影响菌群的质量和菌群搜索全局最优的能力。在三层嵌套结构简化方面，单循环结构大大降低了计算复杂度，提高了算法的收敛速度。

（3）信息交流策略。虽然国内外学者提出了多种信息交流策略，但交流和学习行为主要集中在最优和随机两个对象上。信息交流策略的核心就是细菌在某个规则下与个体历史最优、全局最优、随机选择细菌（一个或多个）或被选择细菌的历史最优进行交流和学习，用获取的信息来引导个体朝着全局最优的方向游动。

（4）生命周期模型策略。生命周期模型策略是基于个体建模思想提出的，是对细菌从出生到死亡的各种行为模式的模拟。随后，群体感应机制加入到生命周期模型中。细菌的基本行为是趋化、交流、复制、消亡和迁移。在细菌觅食过程中，可以观察到细菌趋化、复制、消亡和迁移的个体行为，也可以观察到细菌之间、细菌与环境之间交流/学习的群体行为。同时，细菌在觅食过程中，依靠自身营养情况进行复制和消亡。由此可见，基于生命周期模型的菌群优化算法更符合适者生存的规律。

2.3　本章小结

本章首先介绍了传统的 BFO 算法，阐述了 BFO 算法的生物学基础，以及算法的趋化操作、群体感应机制、复制操作、消亡和迁移操作的基本原理，并给出了具体的算法步骤和流程。重点从趋化步长策略、结构简化策略、信息交流策略及生命周期模型策略四个方面对新型菌群优化算法进行了综述。虽然细菌启发式优化算法从提出至今不到 20 年，但是国内外学者已对其做了大量的理论和应用研究，并成功解决了图像处理[62, 63]、电力系统优化[64, 65]、智能控制[66, 67]、车间调度[68, 69]等问题。细菌启发式优化算法的研究空间仍然很大，未来还需进一步完善理论研究，拓宽和深挖细菌启发式优化算法的应用领域。

参 考 文 献

[1]　Stephens D W，Krebs J R. Foraging Theory. Princeton：Princeton University Press，1986.

[2]　Losick R，Kaiser D. Why and how bacteria communicate. Scientific American，1997，276（2）：68-73.

[3]　Muller S D，Marchetto J，Airaghi S，et al. Optimization based on bacterial chemotaxis. IEEE Transactions on Evolutionary Computation，2002，6（1）：16-29.

[4]　Paissino K M. Biomimicry of bacterial foraging for distributed optimization and control. IEEE Control Systems Magazine，2002，22（3）：52-67.

[5]　Dong Z P，Bao T，Zheng M，et al. Heading control of unmanned marine vehicles based on an improved robust adaptive fuzzy neural network control algorithm. IEEE Access，2019，7：9704-9713.

[6]　曹黎侠，张建科. 细菌趋药性算法理论及应用研究进展. 计算机工程与应用，2006，（1）：44-46.

[7]　Kim D H，Cho J H. Adaptive tuning of PID controller for multivariable system using bacterial foraging based optimization. International Atlantic Web Intelligence Conference，2005.

[8]　Mishra S，Bhende C N. Bacterial foraging technique-based optimized active power filter for load compensation. IEEE Transactions on Power Delivery，2007，22（1）：457-465.

[9]　Berg R D. The indigenous gastrointestinal microflora. Trends in Microbiology，1996，4（11）：430-435.

[10]　Driks A，Bryan R，Shapiro L，et al. The organization of the caulobacter crescentus flagellar filament. Journal of Molecular Biology，1989，206（4）：627-636.

[11]　Lowe G，Meister M，Berg H C. Rapid rotation of flagellar bundles in swimming bacteria. Nature，1987，

325（6105）：637-640.

[12]　Niu B，Wang J W，Wang H. Bacterial-inspired algorithms for solving constrained optimization problems. Neurocomputing，2015，148：54-62.

[13]　Chen Y，Lin W. An improved bacterial foraging optimization. IEEE International Conference on Robotics and Biomimetics（ROBIO），2009.

[14]　Niu B，Wang H，Tan L J，et al. Improved BFO with adaptive chemotaxis step for global optimization. 7th International Conference on Computational Intelligence and Security，2011.

[15]　Chen H N，Zhu Y L，Hu K Y. Self-adaptation in bacterial foraging optimization algorithm. 3rd International Conference on Intelligent System and Knowledge Engineering，2008.

[16]　Chen H N，Niu B，Ma L B，et al. Bacterial colony foraging optimization. Neurocomputing，2014，137：268-284.

[17]　Chen H N，Zhu Y L，Hu K Y，et al. Bacterial colony foraging algorithm：combining chemotaxis，cell-to-cell communication，and self-adaptive strategy. Information Sciences，2014，273：73-100.

[18]　Su T J，Cheng J C，Yu C J. An adaptive channel equalizer using self-adaptation bacterial foraging optimization. Optics Communications，2010，283（20）：3911-3916.

[19]　Sanyal N，Chatterjee A，Munshi S. An adaptive bacterial foraging algorithm for fuzzy entropy based image segmentation. Expert Systems with Applications，2011，38（12）：15489-15498.

[20]　Majhi R，Panda G，Majhi B，et al. Efficient prediction of stock market indices using adaptive bacterial foraging optimization（ABFO）and BFO based techniques. Expert Systems with Applications，2009，36（6）：10097-10104.

[21]　Jatoth R K，Rajasekhar A. Adaptive bacterial foraging optimization based tuning of optimal PI speed controller for PMSM drive. International Conference on Contemporary Computing，2010.

[22]　Patnaik S S，Panda A K. Optimal load compensation by 3-phase4-wire shunt active power filter under distorted mains supply employing bacterial foraging optimization. IEEE India Conference，2011.

[23]　Supriyono H，Tokhi M O. Bacterial foraging algorithm with adaptable chemotactic step size. 2nd International Conference on Computational Intelligence，Communication Systems and Networks，2010.

[24]　Supriyono H，Tokhi M O. Parametric modelling approach using bacterial foraging algorithms for modelling of flexible manipulator systems. Engineering Applications of Artificial Intelligence，2012，25（5）：898-916.

[25]　Naveen S，Kumar K S，Rajalakshmi K. Distribution system reconfiguration for loss minimization using modified bacterial foraging optimization algorithm. International Journal of Electrical Power & Energy Systems，2015，69：90-97.

[26]　Niu B，Fan Y，Xiao H，et al. Bacterial foraging based approaches to portfolio optimization with liquidity risk. Neurocomputing，2012，98：90-100.

[27]　Panda R，Naik M K. A novel adaptive crossover bacterial foraging optimization algorithm for linear discriminant analysis based face recognition. Applied Soft Computing，2015，30：722-736.

[28]　Xu X，Chen H L. Adaptive computational chemotaxis based on field in bacterial foraging optimization. Soft Computing，2014，18（4）：797-807.

[29]　Nasir A N K，Tokhi M O，Ghani N M A. Novel adaptive bacterial foraging algorithms for global optimisation with application to modelling of a TRS. Expert Systems with Applications，2015，42（3）：1513-1530.

[30]　Pang B，Song Y，Zhang C J，et al. Bacterial foraging optimization based on improved chemotaxis process and novel swarming strategy. Applied Intelligence，2019，49（4）：1283-1305.

[31]　Mishra S，Panigrahi B K，Tripathy M. A hybrid adaptive-bacterial-foraging and feedback linearization scheme based D-STATCOM. International Conference on Power System Technology，2004.

[32]　Dasgupta S，Biswas A，Das S，et al. A micro-bacterial foraging algorithm for high-dimensional optimization. IEEE Congress on Evolutionary Computation，2009.

[33]　Niu B，Bi Y，Xie T. Structure-redesign-based bacterial foraging optimization for portfolio selection. International Conference on Intelligent Computing，2014.

[34]　Niu B，Liu J，Wu T，et al. Coevolutionary structure-redesigned-based bacterial foraging optimization. IEEE/ACM Transactions on Computational Biology and Bioinformatics，2018，15（6）：1865-1876.

[35]　Niu B，Tan L J，Liu J，et al. Cooperative bacterial foraging optimization method for multi-objective multi-echelon supply chain optimization problem. Swarm and Evolutionary Computation，2019，49：87-101.

[36]　Chen H N，Zhu Y L，Hu K Y. Cooperative bacterial foraging optimization. Discrete Dynamics in Nature and Society，2009，2009：1-17.

[37]　Chen H N，Zhu Y L，Hu K Y. Cooperative bacterial foraging algorithm for global optimization. Chinese Control and Decision Conference，2009.

[38]　Niu B，Bi Y，Chan F T S，et al. SRBFO algorithm for production scheduling with mold and machine maintenance consideration. International Conference on Intelligent Computing，2015.

[39]　Chu X H，Wu T，Weir J D，et al. Learning-interaction-diversification framework for swarm intelligence optimizers：a unified perspective. Neural Computing and Applications，2020，32：1789-1809.

[40]　Gu Q W，Yin K，Niu B，et al. BFO with information communicational system based on different topologies structure. International Conference on Intelligent Computing，2013.

[41]　Niu B，Liu J，Chen J S，et al. Neighborhood learning bacterial foraging optimization for solving multi-objective problems. International Conference on Swarm Intelligence，2016.

[42]　Tan L J，Lin F Y，Wang H. Adaptive comprehensive learning bacterial foraging optimization and its application on vehicle routing problem with time windows. Neurocomputing，2015，151：1208-1215.

[43]　Niu B，Chan F T S，Xie T，et al. Guided chemotaxis-based bacterial colony algorithm for three-echelon supply chain optimisation. International Journal of Computer Integrated Manufacturing，2017，30（2/3）：305-319.

[44]　Yang C C，Ji J Z，Liu J M，et al. Bacterial foraging optimization using novel chemotaxis and conjugation strategies. Information Sciences，2016，363：72-95.

[45]　Chen H N，Zhu Y L，Hu K Y，Multi-colony bacteria foraging optimization with cell-to-cell communication for RFID network planning. Applied Soft Computing，2010，10（2）：539-547.

[46]　Chen Y P，Liu Y，Wang G，et al. A novel bacterial foraging optimization algorithm for feature selection. Expert Systems with Applications，2017，83：1-17.

[47]　Daryabeigi E，Zafari A，Shamshirband S，et al. Calculation of optimal induction heater capacitance based on the smart cross mark bacterial foraging algorithm. International Journal of Electrical Power & Energy Systems，2014，61：326-334.

[48]　Niu B，Liu J，Bi Y，et al. Improved bacterial foraging optimization algorithm with information communication mechanism. 10th International Conference on Computational Intelligence and Security，2014.

[49]　Bermejo E，Cordón O，Damas S，et al. A comparative study on the application of advanced bacterial foraging models to image registration. Information Sciences，2015，295：160-181.

[50]　Awadallah M A，Venkatesh B. Bacterial foraging algorithm guided by particle swarm optimization for parameter identification of photovoltaic modules. Canadian Journal of Electrical and Computer Engineering，2016，39（2）：150-157.

[51]　Hernández-Ocaña B，Pozons-Parra M D P，Mezura-Montes E，et al. Two-swim operators in the modified bacterial

foraging algorithm for the optimal synthesis of four-bar mechanisms. Computational Intelligence and Neuroscience，2016，2016：1-18.

[52]　Yuan C C，Chen H N，Shen J，et al. Indicator-based multi-objective adaptive bacterial foraging algorithm for RFID network planning. Cluster Computing，2019，22：12649-12657.

[53]　Chatzis S P，Koukas S. Numerical optimization using synergetic swarms of foraging bacterial populations. Expert Systems with Applications，2011，38（12）：15332-15343.

[54]　Bian Q，Nener B，Wang X M. A modified bacterial-foraging tuning algorithm for multimodal optimization of the flight control system. Aerospace Science and Technology，2019，93：105274.1-105274.9.

[55]　Hernández-Ocaña B，Hernandéz-Torruco J，Chávez-Bosquez O，et al. Bacterial foraging-based algorithm for optimizing the power generation of an isolated microgrid. Applied Sciences，2019，9（6）：1261.

[56]　Niu B，Zhu Y L，He X X，et al. A lifecycle model for simulating bacterial evolution. Neurocomputing，2008，72（1/2/3）：142-148.

[57]　Niu B，Wang H，Duan Q Q，et al. Biomimicry of quorum sensing using bacterial lifecycle model. BMC Bioinformatics，2013，14：S8.

[58]　Niu B，Wang H. Bacterial colony optimization. Discrete Dynamics in Nature and Society，2012，2012：1-28.

[59]　Niu B，Xie T，Tan L J，et al. Swarm intelligence algorithms for yard truck scheduling and storage allocation problems. Neurocomputing，2016，188：284-293.

[60]　Wang H，Jing X J，Niu B. A discrete bacterial algorithm for feature selection in classification of microarray gene expression cancer data. Knowledge-Based Systems，2017，126：8-19.

[61]　Yan X H，Zhu Y L，Zhang H，et al. An adaptive bacterial foraging optimization algorithm with lifecycle and social learning. Discrete Dynamics in Nature and Society，2012，2012：1-20.

[62]　Pan Y S，Xia Y，Zhou T，et al. Cell image segmentation using bacterial foraging optimization. Applied Soft Computing，2017，58：770-782.

[63]　Manjula K A. Improved filtering of noisy images by combining average filter with bacterial foraging optimization technique//Mallick P K，Balas V E，Bohi A K，et al. Cognitive Informatics and Soft Computing. Berlin：Springer，2020：177-185.

[64]　Wan Afandie W N E A，Abdul Rahman T K，Zakaria Z. Bacterial foraging optimization algorithm for load shedding. 7th International Power Engineering and Optimization Conference（PEOCO），2013.

[65]　Vijay D R，Nithya M. Efficient energy management system for smart grid using bacterial foraging optimization technique. International Journal of Engineering and Computer Science，2017，6（6）：21575-21582.

[66]　Dhillon S S，Lather J S，Marwaha S. Multi objective load frequency control using hybrid bacterial foraging and particle swarm optimized PI controller. International Journal of Electrical Power & Energy Systems，2016，79：196-209.

[67]　Le Dinh H，Temkin I O. Application of PSO and bacterial foraging optimization to speed control PMSM servo systems. 7th International Conference on Communications and Electronics（ICCE），2018.

[68]　Vital-Soto A，Azab A，Baki M F. Mathematical modeling and a hybridized bacterial foraging optimization algorithm for the flexible job-shop scheduling problem with sequencing flexibility. Journal of Manufacturing Systems，2020，54：74-93.

[69]　Zhao F Q，Liu Y，Shao Z S，et al. A chaotic local search based bacterial foraging algorithm and its application to a permutation flow-shop scheduling problem. International Journal of Computer Integrated Manufacturing，2016，29（9）：962-981.

第 3 章　特征选择原理

通过前面的章节，读者了解了菌群优化算法的发展现状，且对于改进算法的特性有了一定的认识。与数学性强的统计、运筹相关的算法相比，作为全局性的优化算法，菌群优化算法在解决计算复杂、最优解多样的优化问题上，有着更简明的运算思维且运算速度更容易提升，因而具有广泛的研究价值。随着当代数据科学技术的更新迭代，人们获取的数据量不断增长，从浩瀚的数据中深挖潜藏在其中的有效信息，成了各个领域追求创新发展和技术进步的重要工作。对于高维数据的分析，特征选择在数据预处理的过程中起到了数据降维的作用，能有效突破大数据分析常常面临的"维数灾难"的问题并提高数据分析的效率，被广泛认可和应用在肿瘤诊断、疾病预测、入侵检测、流媒体数据研究等领域中。本章主要讲述特征选择的定义，常用的特征选择方法的原埋。

3.1　定　　义

特征选择使用某种评价准则从原始特征空间中选择特征子集，是一种数据预处理方式[1]。选择特征子集的目的是将无效、数据不完备及冗余的特征尽可能筛除，一个好的特征子集可以用较少的特征来描述原始数据的绝大部分属性，并较好地保留原始数据能传达的信息，以提高数据的可解释性。特征选择的基本框架如图 3-1 所示。

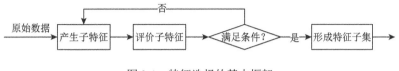

图 3-1　特征选择的基本框架

输入原始数据后由特征选择产生子特征，再利用评价函数评估子特征的有效性，将最优的子集储存起来形成最终的特征子集。由此可见，特征选择这一过程也可以视为寻找最优解的结果寻优过程。Davies 和 Russell 在 1994 年证明了寻找满足要求的"最小特征子集"是一个 NP（non-deterministic polynominal，非确定多项式）完全问题[2]。和众多 NP 问题一样，当数据量大、维数高时，普通的穷举式搜寻算法及传统的运筹学方法应用起来会遇到计算难度大、耗时长等问题，因此，学者致力于探寻和开发智能化的寻优算法，以提高问题求解的速率。

3.2 特征选择方法分类

数据分析通常会涉及数据获取、数据清洗、方法分析、结论验证等过程。对于大数据而言，在方法分析的环节常常需要对特征进行处理，帮助各类数据分析方法得出稳定性强、准确率高的分析效果。其中，特征处理的过程会涉及以下内容：①确定特征选择的评价指标，即要考虑什么样的特征是需要被保留的；②对数据已有的特征进行清洗，如筛选并删除无效特征，或判断特征数据的分布均衡情况，为分布不均的特征设置权重等；③对特征进行预处理。

特征的预处理过程大致分为两步，首先，针对每个独立的特征进行归一化、编码、缺失值处理等操作；其次，对所有特征进行降维处理。值得注意的是，当数据量小时，可以采用传统的数据降维方式。例如，主成分分析法、因子分析法等。当数据量较大时，可采用与启发式或群体智能优化混合的特征选择方法。根据特征选择的适应值函数的评估标准，可将其分为滤波/过滤式（filters）、封装/包装式（wrappers）、混合式（hybrid）及嵌入式（embedded）四种模式，如图 3-2 所示。

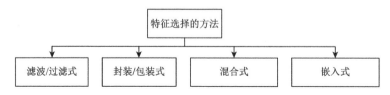

图 3-2　根据不同模式对特征选择的方法进行划分

接下来的部分会详细介绍不同模式的特征选择方法的内涵并举例说明。通过对对应算法的分析，总结出不同模式下特征选择方法的优点及不足，以方便读者在今后应用特征选择的方法时，有较为明晰的选择依据。

3.2.1　滤波式

滤波式，又称过滤式、过滤器等。这类方法的主要流程是先确定数据的所有特征，然后根据每一个特征的评价指标（如方差、信息增益等）来评估各个特征的重要性，再根据重要性对全部特征进行排序，选出重要性较高的特征后投入学习器进行训练。整个过程的特点是，选择特征子集的过程与后续的学习过程是相互独立的，即在滤波式方法中，只根据数据的内在属性（方差、信息增益等）来选择特征[3]。常见的滤波式分类方法采用的特征评估方法包括 information gain——信息增益[4]、Fisher scoring——费希尔得分[5]、相关系数（Relief 算法）[6]等。

（1）信息增益。该方法的核心思想是，当数据信息熵减少时，数据中信息增益越大的特征，准确分类的能力就越强[4]。那么什么是信息熵呢？信息熵其实是 1948 年 Shannon 从热力学中引用出来的。我们知道，未经处理的数据存在大量的冗余，数据经过处理将冗余、噪声减少或排除后所包含的平均信息量，被称为信息熵。在每份数据中，信息熵的值越低则代表数据包含的信息越多；反之，则相反。当给定了某种条件后，数据的信息熵会发生变化，此时的信息熵称为条件信息熵，而信息增益就是未加条件的信息熵与含条件的条件信息熵的差值。信息增益的计算表达如下。

信息增益的计算表达

1. 给定 n 个特征 $p = \{p_1, p_2, \cdots, p_n\}$，特征对应的标签为 $L = \{L_1, L_2, \cdots, L_m\}$

2. 特征及其对应标签的联合分布概率为

$$Q = (p_i, L_j)，其中 i = 1, 2, \cdots, n；j = 1, 2, \cdots, m$$

3. 信息增益的计算表达式为

$$I(p; L) = \sum_{i=1}^{n} \sum_{j=1}^{m} Q(p_i, L_j) \log_2 \frac{Q(p_i \mid L_j)}{Q(p_i)} \tag{3-1}$$

（2）费希尔得分。费希尔得分来自费希尔线性判别法，它的核心目标是选择数据类别内部距离小、类别之间距离大的特征[5]。它是一种简单的特征选择方法，根据式（3-2）可以计算数据集中每个特征的费希尔得分值，通过计算所有特征的费希尔得分的平均值可以得到一个特定的阈值。如果某特征的费希尔得分值大于阈值，则将该特征添加到数据集的特征空间中；反之，则将该特征从数据集的特征空间中删除[7]。

$$\text{Fun}(i) = \frac{(\overline{x}_i^{(+)} - \overline{x}_i)^2 + (\overline{x}_i^{(-)} - \overline{x})^2}{\dfrac{1}{s^+ - 1} \sum_{k=1}^{s_+} (x_{k,i}^{(+)} - \overline{x}_i^{(+)})^2 + \dfrac{1}{s^- - 1} \sum_{k=1}^{s} (x_{k,i}^{(-)} - \overline{x}_i^{(-)})^2} \tag{3-2}$$

其中，s^+ 和 s^- 分别为给定训练集的正实例集和负实例集；$\overline{x}_i$、$\overline{x}_i^{(+)}$、$\overline{x}_i^{(-)}$ 分别为第 i 个特征在整个训练集、正实例集和负实例集中的平均费希尔得分；$x_{k,i}^{(+)}$ 为第 k 个正实例空间中的第 i 个特征；$x_{k,i}^{(-)}$ 为第 k 个负实例空间中的第 i 个特征。在式（3-2）中，分子表示正实例集和负实例集之间的区别，分母表示正实例集或负实例集。第 i 个特征的费希尔得分越大，这一特征就越有可能具有更强的代表性。

（3）相关系数（Relief 算法）。Relief（relevant features）算法是由学者 Kira 和 Rendell[6]于 1992 年提出的，本质是一种基于特征权重的滤波式算法。数据的特征与数据所属类型之间的关系决定着各个特征权重的大小，特征的权重值越大表示该特征反映数据信息的程度越高，对应的分类能力越强[8]。Relief 算法适用于对只有两个类别的数据做特征选择。该算法的核心过程如下。

Relief 算法的核心过程

1. 给定训练集 S，包含 p 个特征，迭代次数 t，样本权重 ω，以及阈值 θ

2. 将训练集分为正实例集 s^+ 和负实例集 s^- 两部分，令 ω 为零向量

3. **For** $i = 1$ to t

    从 S 中任选一个实例 X，用欧氏距离计算 X 的近邻实例

    与 X 同类的近邻实例记为 Near_{hit}

    与 X 异类的近邻实例记为 $\text{Near}_{\text{miss}}$

    For $j = 1$ to p

        如果 X 和 Near_{hit} 的距离小于 X 和 $\text{Near}_{\text{miss}}$ 的距离

        表明该特征能较好地区分同类和异类，因此该特征权重增大

        如果 X 和 Near_{hit} 的距离大于 X 和 $\text{Near}_{\text{miss}}$ 的距离

        表明该特征无法区分同类和异类，因此该特征权重减小

    End

    End

4. 权重更新公式如下：

$$\omega(p) = \omega(p) - \frac{1}{t}(\text{diff}(p, X, \text{Near}_{\text{hit}}) + \text{diff}(p, X, \text{Near}_{\text{miss}})) \tag{3-3}$$

如果权重 ω 大于阈值 θ，则第 p 个特征将添加到要输出的特征子集中

总的来说，滤波式方法的优点在于结构相对简单、运算效率高且能得到一个较好的结构。然而，它的不足也比较明显。滤波式方法在做子集筛选的时候，会对每个特征进行单独判断，某些情况下，虽然单个特征的效果不佳，但是将多个效果弱的特征组合起来也能得到不错的效果。

3.2.2 封装式

封装式方法与滤波式方法的区别在于，封装式方法的评价函数就是学习器的训练结果[9]。也就是说，选择特征子集的过程与模型后续的学习过程是有关联的。虽然，滤波式特征选择方法在计算上比封装式更快捷，但是，滤波式方法的主要缺点在于它独立于构建的学习器，若学习器使用训练集进行模型训练时产生了偏

差，该偏差无法被反馈给特征子集的形成机制，因而无法指导特征子集的进一步优化。相比之下，封装式方法耗费的计算资源更多，但它能利用学习算法来评估特征子集，可以提供比滤波式方法更准确的训练结果。

封装式特征选择算法会结合多种多样的学习算法。例如，决策树（decision tree，DT）[10]、朴素贝叶斯（naive Bayes，NB）算法[11]、K 近邻（K nearest neighbor，KNN）算法[12]等。

（1）决策树。决策树采用的是一种归纳学习形式。对于给定的数据集，决策树通过递归的方式对数据进行二值划分（树的生长模式），在该模式中，为了划分数据实例的空间，模型会在节点上设置连续的二分类问题（yes/no）[10]。如图 3-3 所示，决策树包括根节点、内部节点和叶节点。

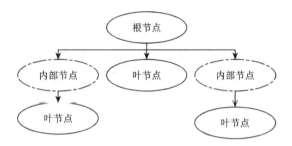

图 3-3 决策树的基本结构

决策树节点是对特征进行判断并获得测试的节点，测试结果会引导决策树伸向某一个分支。决策树完成与否取决于各节点的结果精度。如果某个节点的输出精度达到了阈值，则该节点停止生长。决策树从根节点开始往下生长，延伸出内部节点，当某一个方向达到阈值不再有内部节点时，就生长出叶节点。决策树节点的计算如下。

决策树节点的计算

1. 目标：通过计算信息增益减少数据中的杂质，分两个阶段进行

2. 首先，计算数据集的熵

$$\text{Entropy}(S) = -\sum_{i=1}^{n} \theta_i \log_2(\theta_i) \tag{3-4}$$

3. 其次，计算期望信息增益

$$\text{Gain}(S,a) = \text{Entropy}(S) - \sum_{v \in \text{values}} \frac{|S_v|}{|S|} \text{Entropy}(S_v) \tag{3-5}$$

其中 n 为数据的类别数量；S 为给定的训练集；θ_i 为 S 分类为 i 的比率。此外，S_v 为 v 特征值所包含的特征集；$\text{Gain}(S,a)$ 为从特征 a 中获得的期望信息增益。决

策树对数据特征进行逐一处理，准确性更高的同时也容易产生过拟合的现象，因此如果采用决策树进行特征选择，需要进行预剪枝处理来尽量减小过拟合对学习算法效率的影响。

（2）朴素贝叶斯算法。朴素贝叶斯算法因其简单的算法结构和高效的运算能力，一直是数据挖掘中常常采用的流行算法[11]。其分类的基本思想为：给定待分类项，求解此项在各个类别中出现的概率，概率值越大，则认为待分类项越有可能属于该类别。朴素贝叶斯算法的基本流程如下。

朴素贝叶斯算法的基本流程

1. 给定训练集 S，由 n 个特征向量组成 $\{l_1, l_1, \cdots, l_n\}$

2. 根据式（3-6）计算分类标签：

$$Q(S) = \arg\max_{q \in Q} P(q) \prod_{j=1}^{m} P(l_j \mid q) \tag{3-6}$$

3. 先验概率的计算式如下：

$$P(q) = \frac{\sum_{i=1}^{n} \delta(q_i, q) + \dfrac{1}{nc}}{n+1} \tag{3-7}$$

4. 条件概率的计算式如下：

$$P(l_j \mid c) = \frac{\sum_{i=1}^{n} \delta(l_{ij}, l_j)\delta(q_i, q) + \dfrac{1}{n_j}}{\sum_{i=1}^{n} \delta(q_i, q) + 1} \tag{3-8}$$

其中 Q 为所有可能的类标签 q 的集合；m 为属性的数量，l_j 为第 j 个特征值；$P(l_j \mid q)$ 为给定类别 q 时特征值 l_j 的条件概率；$P(q)$ 为在给定样例所属类别 q 时的先验概率。式（3-7）和式（3-8）中的 n 为分类器用于训练时选中的样本数目；nc 为待分析数据集所包含的类别总数；q_i 为第 i 个实例的类别标签；l_{ij} 为第 i 个样本实例的第 j 个特征值；n_j 为第 j 个样本属性所包含的特征数量；$\delta(\cdot)$ 为一个二进制函数，当括号内的两个参数相同时取值为 1，反之为 0。朴素贝叶斯算法的运算效率是比较高的，但它在使用时有一个假设前提，即数据的特征属性之间呈相互独立的关系。然而实际问题中的特征间会存在关联关系，因此这一假设往往不能成立。这就造成了原始算法在训练集上效果好却很难在实际数据上表现好的问题。

（3）KNN 算法。KNN 算法在基于监督的机器学习领域十分著名，因为算法简单、计算高效而被广泛应用[12]。在用于特征选择时，首先要计算待分类样本与数据集中剩余特征之间的相似度（或称为距离），接着要观察距离待分类样本最近的 k 个邻近样本的所属类别，出现次数最多的类别即为待分类样本的所属类别。KNN 算法的核心过程如下。

KNN 算法的核心过程
1. 给定由 n 个样本组成的训练集 $S=\{s_1,s_2,\cdots,s_n\}$，包含 m 个类别 $C=\{c_1,c_2,\cdots,c_m\}$，分类过程如下
2. 选择最接近待分类样本的 k 个最近邻（$1\leqslant k\leqslant n$）
3. 计算待分类样本到所有样本的距离（如欧氏距离或其他距离计算方法）
4. 采用升序排序法选出距分类样本最近的 k 个最近邻的集合
5. 识别出 k 个最近邻在数据集中代表的类
6. 将待分类样本划分到出现频数最高的类别中

总而言之，封装式方法利用学习算法做评估函数来选择特征的方式能够提高特征选择的准确率，但其较高的计算成本在高维数据环境下是不可忽视的问题。对此，众多学者开始研究混合式特征选择算法，其中大部分结合滤波式和封装式进行研究。

3.2.3　混合式

混合式特征选择方法是多种类型的特征选择方法的结合，常见思路为先用一种方式选出特征子集，剔除无关特征，接着将该特征子集投入封装式特征选择方法中进行训练，用训练结果重新评估特征子集从而产生新的特征子集，直到达到满意的目标值或迭代次数达到阈值。Qian 等就提出了一种滤波式与封装式方法混合形成的特征选择算法[13]。该算法混合了互信息、支持向量机（support vector machine，SVM）、交叉验证、后向特征消除四种方法。主要包含两个阶段：首先，采用基于互信息混合评价的滤波式方法剔除不相关特征；其次，采用基于支持向量机-反向交叉验证的封装式方法剔除共线性特征。

（1）基于互信息混合评价的滤波式方法。在混合式方法中先采用滤波式方法的目的是加速特征优化的过程，并剔除无关特征。这里给出一个改进的滤波式算法的例子，给定数据集 $S=\{s_1,s_2,\cdots,s_n\}$，特征集 $s_i=[f_{1i},f_{ki},\cdots,f_{ni}]^{\mathrm{T}}$，标签集 $Y=\{y_1,y_a,\cdots,y_n\}$，其运算过程如下。

基于互信息混合评价的滤波式方法的运算过程
1. 首先计算信息熵，即 s_i 的不确定性

$$H(s_i)=-\sum_{k\in n}p(f_{ki})\times\log_2 p(f_{ki}) \qquad (3\text{-}9)$$

| 2. 计算特征 s_i 在标签 Y 中的不确定性 |

$$H(s_i|Y)=-\sum_{k\in n}\sum_{a\in n}p(f_{ki},y_a)\times\log_2 p(f_{ki},y_a) \qquad (3\text{-}10)$$

| 3. 计算特征 s_i 和 s_j 之间的条件熵 |

$$H(s_i|s_j) = -\sum_{k \in n}\sum_{d \in n} p(f_{ki}, f_{dj}) \times \log_2 p(f_{ki}, f_{dj}) \tag{3-11}$$

4. 特征 s_i 与标签 Y 之间的互信息为

$$I(s_i; Y) = H(s_i) - H(s_i | Y)$$
$$= \sum_{k \in n, a \in n} p(f_{ki}, y_a) \div \log_2 \frac{p(f_{ki} | y_a)}{p(f_{ki}) \times p(y_a)} \tag{3-12}$$

5. 计算特征 s_i 和 s_j 的多重共线性

$$I(s_i; s_j) = H(s_i) - H(x_i | x_j)$$
$$= \sum_{k \in n, d \in n} p(f_{ki}, f_{dj}) \times \log_2 \frac{p(f_{ki} | f_{dj})}{p(f_{ki}) \times p(f_{dj})} \tag{3-13}$$

6. 如果标签已知，那么特征间的多重共线性可以用式（3-14）计算

$$I(s_i; s_j | Y) = H(s_i | Y) - H(s_i | s_j, Y)$$
$$= \sum_{k \in n}\sum_{d \in n}\sum_{a \in n} p(f_{ki}, f_{dj}, y_a) \times \log_2 \frac{p(y_a) \times p(f_{ki}, f_{dj}, y_a)}{p(f_{ki}, y_a) \times p(f_{dj}, y_a)} \tag{3-14}$$

7. 最终目标函数的评估值由式（3-15）求得

$$\text{MIME}(x_i) = A - \alpha \times B - \beta \times D$$
$$A = I(s_i; Y) \quad B = \frac{1}{n} \times \sum_{j=1}^{n} I(s_i; s_j) \quad D = \frac{1}{n}\sum_{j=1}^{n} I(s_i; s_j | Y) \tag{3-15}$$

其中，A 为特征 s_i 与实例样本所属类别标签 Y 之间的相关度；B 为特征 s_i 和剩余特征之间的平均冗余度；D 为数据标签已知的情况下，特征 s_i 和剩余特征间的均值独立性；n 为除去被选特征后的特征子集的大小；α 和 β 为权重值。

（2）基于支持向量机-反向交叉验证的封装式方法。混合式方法的第二阶段是采用封装式方法对上一步产生的特征子集进行优化，其目标在于将特征子集的分类准确率最大化。在此举一个混合的封装式方法的例子，首先，在特征选择不断迭代的过程中，我们用 SVM 作为学习器，和一般 SVM 一样，利用公式 $\omega^T x + \gamma = 0$ 构造超平面、定义目标函数和约束条件，分别是 $\min 1/2 \times \|\omega\|^2$ 和 s.t. $y(\omega^T x + \gamma)^2 \geq 1$。改进之处在于：采用向后特征消除法作为特征子集形成的筛选算法，在每次算法迭代中删除一个特征，直至所有特征选完，停止迭代。具体操作流程如下。

混合滤波式-封装式算法的操作流程

1. 采用滤波式特征选择方法生成特征子集，将样本数据 S 被划分为 n 个子集

2. 基于 $n-1$ 个子集训练封装式方法中的学习器，并用测试集进行测试。通过不断地迭代运算计算平均精度 $A\%$

3. 特征子集的值采用学习器的准确率来衡量

4. 利用向后特征消除法删除不符合阈值的特征，计算此时的平均精度 $B\%$。如果平均精度 $B\%$ 低于平均精度 $A\%$，删除一个特征

5. 如果混合算法所产生的特征子集达到了停止条件，则停止运算

　　混合式方法因结合了滤波式方法和封装式方法的优点，拥有较好的运算效率和准确率，而被广泛应用于特征选择研究中，滤波式方法和封装式方法的多样性使得混合式方法也丰富多样。除了以上三种模式，还有一种经典的模式——嵌入式，3.2.4 节进行详细描述。

3.2.4　嵌入式

　　嵌入式方法主要是将特征选择的过程嵌入进学习模型当中[14]，不同于混合式方法。混合式方法类似于多种方法的"组合"，旨在将一种或多种方法的优点结合起来发挥最好的运算效果；嵌入式方法旨在"融合"各种方法，它不需要分训练集和测试集，计算成本更低。该方法通常先用机器学习算法来对特征选择模型进行训练，计算出每个特征的权重，再根据取值从大到小选择特征。这里与滤波式方法是有区别的，滤波式方法是直接对特征属性值（方差等）进行排序，而嵌入式方法则是利用学习算法训练学习模型后，根据训练结果评估各个特征的好坏。常见的嵌入式方法有正则化模型，如 Lasso、线性判别分析（linear discriminant analysis，LDA）等。

　　（1）Lasso。Lasso 即"最小绝对收缩和选择算子，least absolute shrinkage and selection operator"，属于一种压缩估计方法。一般地，Lasso 可以利用惩罚项将不符合要求的特征的权重系数缩小到零，以实现特征选择。但是，在面对高维数据、小样本数据或者有诸多噪声的数据时，其表现较差，常常将有效特征都压缩成零，从而产生有偏估计[15]。Lasso 采用了两个参数（软阈值和硬阈值）来分别收缩特征权重系数。该算法的收敛速度随着变量的增长速率的加快而急剧下降。此外，如果数据的冗余度高，该算法的收缩速度也会降低。因此，Lasso 更加适合应用在低维数据的特征选择中。

　　（2）线性判别分析。线性判别分析是基于有监督的分类任务的常用算法，该算法的基本思路是先训练给定数据集的标签信息，再估计出易于用来分类测试样本的最佳投影子空间。该算法的目的是寻找一种线性投影，使得异类样本之间的距离越大越好，而同类样本间的距离越小越好。线性判别分析的流程如下。

线性判别分析的流程

1. 令 μ 和 μ_i 分别为所有数据样本的均值和第 i 类样本的均值，可以用式（3-16）计算

$$\mu = \frac{1}{N}\sum_{i=1}^{C}\sum_{j=1}^{n_i} x_j^i, \quad \mu_i = \frac{1}{n_j}\sum_{j=1}^{n_i} x_j^i \qquad (3\text{-}16)$$

2. 计算类别间的散射矩阵 S_b

$$S_b = \frac{1}{N}\sum_{i=1}^{C} n_i(\mu_i - \mu)(\mu_i - \mu)^{\mathrm{T}} \qquad (3\text{-}17)$$

3. 计算类别内部的散射矩阵 S_w

$$S_w = \frac{1}{N} \sum_{i=1}^{c} \sum_{j=1}^{n_i} (x_j^i - \mu_i)(x_j^i - \mu_i)^{\mathrm{T}} \qquad (3\text{-}18)$$

4. 计算投影向量 P

$$P = \arg \min_{P^{\mathrm{T}} P=1} (S_w - \mu S_b) P \qquad (3\text{-}19)$$

通过式（3-19）可以得出，最优投影向量 P 就是 $(S_w - \mu S_b)$ 的最小特征值所对应的特征向量。值得一提的是，嵌入式方法与前面三种方法相比，计算量更大但效果并没有拉开太大差距。但不可否认，在对高维特征进行处理时，嵌入式方法的计算结果是比较不错的。

3.3　本章小结

本章主要讲述了特征选择的原理、框架及相关算法的使用。总体而言，特征选择对于数据分析、机器学习和数据挖掘来说变得越来越重要。特别是对于高维数据集，为了避免过拟合和数据维数较高带来的高运算复杂度，需要过滤掉数据集中不相关、冗余的特征以形成新的特征集，称之为特征子集。通过本章读者可以了解到，无论哪一种模式（滤波式、封装式、混合式、嵌入式），均不会局限于只能使用一种算法。相反，越来越多的学者开始研究混合模式的特征选择以充分发挥算法的性能。未来的研究中，值得关注的点有：多目标优化的特征选择问题、集成多种智能优化算法的特征选择问题等。

参　考　文　献

[1] 李郅琴，杜建强，聂斌，等.特征选择方法综述.计算机工程与应用，2019，55（24）：10-19.

[2] Davies S，Russell S. NP-completeness of searches for smallest possible feature sets. AAAI Symposium on Intelligent Relevance，1994.

[3] Solorio-Fernández S，Martínez-Trinidad J F，Carrasco-Ochoa J A. A supervised filter feature selection method for mixed data based on spectral feature selection and information-theory redundancy analysis. Pattern Recognition Letters，2020，138：321-328.

[4] 王俊红，赵彬佳.基于不平衡数据的特征选择算法研究.计算机工程，2021，47（11）：100-107.

[5] 吴迪，郭嗣琼.改进的 Fisher Score 特征选择方法及其应用.辽宁工程技术大学学报（自然科学版），2019，38（5）：472-479.

[6] Kira K，Rendell L A. A practical approach to feature selection//Sleeman D，Edwards D. Machine Learning Proceedings 1992. Amsterdam：Elsevier，1992：249-256.

[7] Polat K，Kırmacı V. Determining of gas type in counter flow vortex tube using pairwise Fisher score attribute reduction method. International Journal of Refrigeration，2011，34（6）：1372-1386.

[8]　Bommert A，Sun X D，Bischl B，et al. Benchmark for filter methods for feature selection in high-dimensional classification data. Computational Statistics & Data Analysis，2020，143：106839.

[9]　Das H，Naik B，Behera H S. A Jaya algorithm based wrapper method for optimal feature selection in supervised classification. https://doi.org/10.1016/j.jksuci.2020.05.002[2020-05-19].

[10]　Vanfretti L，Arava V S N. Decision tree-based classification of multiple operating conditions for power system voltage stability assessment. International Journal of Electrical Power & Energy Systems，2020，123：106251.

[11]　Zhang H，Jiang L X，Yu L J. Attribute and instance weighted naive Bayes. Pattern Recognition，2021，111：107674.

[12]　Kumbure M M，Luukka P，Collan M. A new fuzzy k-nearest neighbor classifier based on the Bonferroni mean. Pattern Recognition Letters，2020，140：172-178.

[13]　Qian K，Bao Y，Zhu J X，et al. Development of a portable electronic nose based on a hybrid filter-wrapper method for identifying the Chinese dry-cured ham of different grades. Journal of Food Engineering，2021，290：110250.

[14]　Lu M. Embedded feature selection accounting for unknown data heterogeneity. Expert Systems with Applications，2019，119：350-361.

[15]　Kang C Z，Huo Y H，Xin L H，et al. Feature selection and tumor classification for microarray data using relaxed Lasso and generalized multi-class support vector machine. Journal of Theoretical Biology，2019，463：77-91.

第4章 基于智能优化的特征选择算法

第 3 章介绍了许多常见且实用的方法，在面对小规模的数据时皆可取得不错的运算效果。近年来，信息获取、数据分析技术频繁更新换代，人们能够获取的数据类型、数据数量成倍或呈指数级地扩大。数据中包含着丰富的信息，从海量的数据中提取有价值的信息变得极为重要。数据属性越多，构建的分类模型精度越高；数据属性越少，构建的模型精度越低。但冗余的属性容易产生过拟合问题，导致消耗大量的时间构建精度不高的分类模型。因此，在构建模型前对关键特征进行选择显得尤为重要。

然而，高维度海量空间的特征选择目前面临着巨大的挑战，评价特征子集的组合效果需要花费大量的计算时间。因此，评价所有特征子集的组合效果来选择特征的方法在海量特征选择中是不可取的。智能优化算法大多包含特有的学习策略，能够对特征及特征子集实施差异化的优化获得较好的特征组合，以减少数据冗余达到提高分类准确率的效果。

目前，国内外关于智能优化算法的理论研究成果颇多，其实际应用也被业界广泛采纳。综合来看，大多智能优化算法都具有令人满意的全局搜索能力，能实现快速收敛及获取逼近真实解的最优解。因此，将智能优化算法应用于特征选择的离散组合优化问题中，可发挥智能优化算法计算速度快、搜索能力强等优势，为解决高维大规模数据的特征选择问题带来新的拓展和改进切入点。

4.1 常见的智能优化特征选择算法

较为经典的算法有受鸟群捕食活动启发的 PSO 算法[1]、根据生物进化理论及遗传学理论产生的遗传算法（genetic algorithm，GA）[2]、受群体演化启发的差分进化（differential evolution，DE）算法[3]、模仿人工蜂群生活习惯的 ABC 算法[4]等。这些算法均可以应用到特征选择过程中，接下来将对这些算法进行分别描述，主要解释算法的原理和针对特征选择问题的算法设计思路。

4.1.1 粒子群优化算法

（1）PSO 算法理解。作为经典且富有学术价值的元启发式搜索技术之一的 PSO 算法，因其良好的兼容性、可理解性及高效性被广为研究，它主要模拟了自然中的鸟群在寻找食物源时进行的活动[5]。如图 1-2 所示，自然界中的鸟群在寻觅食物源的过程中，一开始是随机搜寻食物的，然后通过个体鸟的信息传递来交流可能存在的食物源的位置。假设某一区域内只有一个局部区域有食物源，四面八方的鸟只知道自己距离食物源的距离却不知道精确的方向在哪里，为了快速找到食物，距离食物源最近的鸟会发出信号，在附近的鸟就会向它靠近并发出信号通知周围的鸟群，周围的鸟群再向其靠近。就这样，鸟群通过层层靠近的方式，不断缩小搜索范围，最终找到最佳的觅食区域。PSO 算法核心思想是利用群体中的个体对信息的共享，使得整个群体的运动在问题求解空间中产生从无序到有序的演化过程，从而获得问题的最优解。

在 PSO 算法中，随机设定一个粒子群来模拟鸟群，并使其在多维空间中构成一个搜索群体，该群体中的每个粒子的搜索记录可以代表候选解。粒子在搜索解的过程中，通过与自身的历史搜索记录和全局最佳粒子的搜索记录进行比较和探索，逐渐向最优解靠近。每个粒子的性能是由预设的适应值函数来测量的，这里的性能通俗来讲就是粒子与最优解的逼近程度。假设粒子群的搜索领域是 D 维的，每个维度上的粒子群包含 m 个粒子，那么 PSO 算法的流程可以表示如下。

PSO 算法的流程

1. 设在 D 维空间中，每个粒子个体的最初位置为 $X_i = [x_{i1}, x_{i2}, \cdots, x_{iD}]$

2. 速度为 $V_i = [v_{i1}, v_{i2}, \cdots, v_{iD}]$，其中 $i = 1, 2, \cdots, m$

3. 在 PSO 算法中，每个粒子向自己的最佳位置（即个体最佳位置 pbest）移动，记为 $\text{Pbest}_i = [\text{pbest}_1, \text{pbest}_2, \cdots, \text{pbest}_D]$

4. 整个群体历史记录中的最佳位置（全局最优标记为 gbest）记为 $\text{Gbest}_i = [\text{gbest}_1, \text{gbest}_2, \cdots, \text{gbest}_D]$

5. 搜索过程中，每个粒子根据当时的速度改变自身的位置，这个速度是有方向的向量，并且是随机产生的。需要注意的是，速度的方向是向量 pbest 和向量 gbest 的综合结果

6. 粒子的速度更新策略见式（4-1）

$$v_{iD}^t = w v_{iD}^{t-1} + c_1 R_1 (\text{pbest}_D^{t-1} - x_{iD}^{t-1}) + c_2 R_2 (\text{gbest}_D^{t-1} - x_{iD}^{t-1}) \tag{4-1}$$

7. 粒子的位置更新策略见式（4-2）

$$x_{iD}^t = x_{iD}^{t-1} + v_{iD}^t \tag{4-2}$$

其中，t 为迭代次数，用于控制算法的探索程度；w 为惯性权重，用于平衡速度和位置。较大的 w 值可以使粒子保持较高的速度，并防止它们被困在局部最优解中；较小的 w 值使粒子保持低速，并在较小的区域内搜索。常数 c_1 和 c_2 为影响粒子间学习程度的学习因子，这两个值决定了每个粒子向个体最优的粒子或向全局最优的粒子学习和趋近的速度。R_1 和 R_2 为均匀独立分布在 0 和 1 之间的随机数。

PSO 算法是一个很强大的算法，能够应用到各行各业中，其核心结构简洁易懂，原始 PSO 算法的运算速度快但容易陷入局部最优，在解决多峰值问题时尤其明显。为了解决这个问题，研究者提出了许多改进策略，尤其是在参数的调整和交流策略的更新方面，以保证全局搜索的结果不受局部极值的影响。

（2）基于多目标 PSO 算法的特征选择。已知 PSO 算法是一种优秀的群体启发式算法，其扩展应用也值得探讨和研究。考虑到特征选择的过程会同时面对多种目标，如正确率最优和特征子集大小最适合等，因此可以将该问题视为多目标优化问题。若对特征数量较大的数据集进行特征选择，则 PSO 算法拥有诸多优点，如它需要调整的参数较少、解的收敛速度较快等。因此多目标问题求解可采用基于 PSO 的特征选择算法。比如，Amoozegar 和 Minaei-Bidgoli[5]提出了一种优化多目标 PSO 算法的特征选择算法，改进的策略是特征精英学习。该算法的设计思路如下。

基于多目标 PSO 算法的特征选择实现

1. 设置外部档案：用于存储粒子群在寻优过程中获得的非支配解。随着迭代的进行，外部档案的规模逐渐增加直至达到阈值。达到阈值后，若迭代还在继续，则需要评估新的非支配解是否能取代外部档案中效果最差的非支配解

2. 评估函数的适应值：计算分类错误率即式（4-3）和特征的选择率即式（4-4）（特征子集占全部特征的比率）

$$Error\_rate_i = (FP + FN)/(FP + FN + TP + TN) \tag{4-3}$$

$$Feature\_rate_i = f_i/D \tag{4-4}$$

其中，TP、FP、TN、FN 分别为分类器的真阳性、假阳性、真阴性和假阴性；f_i 为被选特征；D 为全体特征

3. 更新外部档案：基于当前帕累托最优集（当前外部档案）对特征进行排序

4. 完善外部档案：

（1）将特征按照排序结果存入子分组中

（2）根据自设的规则计算出需要选择的特征的数量，并建立对应的位置向量

（3）计算新选择的特征的目标函数值，更新外部档案

5. 利用拥挤距离准则更新粒子的个体最优解和全局最优解

6. 更新粒子的位置：重复步骤 2～6 直至迭代停止，输出帕累托前沿

基于智能优化算法的特征选择大多研究的是单目标问题，但越来越多的研究者开始以多目标的视角来研究特征选择。由于 PSO 算法中的粒子本身就具有多维的特性，善加利用则能有效地处理高维数据以节省计算资源。从多目标 PSO 的研究中可以了解到多目标特征选择算法的计算结果的稳定性的评价将是未来的重点研究方向。除此以外，针对具有数千个特征的高维数据的多目标启发式算法的优化也是一个研究的要点。

4.1.2　遗传算法

（1）遗传算法理解。该算法来源于遗传进化的思想，模拟适者生存的思维构建算法模型来解决优化问题。该算法以其优异的全局优化能力而广受学者研究，其适用程度可以从它应用领域的多样性中看出[2]。遗传算法的理论依据是大家熟知的达尔文生物进化论，其算法模型的搭建则依赖于遗传学的机理。它模拟了生物种群大概的进化机制，遗传算法的种群是由一个个经过特定基因编码的单位基因组成的，每个单位基因带有独特的染色体。单位基因中染色体承载的特征属性就是基因，染色体是多个基因的组合。初始种群诞生后，经过一系列的运算会按照优胜劣汰的准则进行基因的更新换代。每一代在更新基因时，会根据单位基因获得的适应值的情况来选择较好的个体进行遗传动作，此时，遗传算子会发挥作用，通过交叉和变异形成新的基因种群。最后一代种群得到的适应值就是问题的最优解。遗传算法的结构模型如图 4-1 所示。

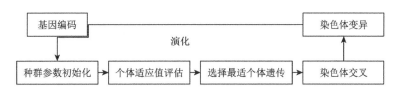

图 4-1　遗传算法的结构模型

与 PSO 算法相比，遗传算法因其遗传算子的特性而容易应用在离散的优化问题上，此外遗传算法染色体之间的交叉操作有利于个体之间进行信息交流，从而使算法的搜索比较均匀。这一点有别于 PSO 算法，在粒子群中个体的运动依赖于全局最优解，而遗传算法则是在个体间相互学习。

（2）基于遗传算法的特征选择。在遗传算法中，优化问题的每一个可行解都是算法中的"染色体"，如前文所述，染色体是由多个基因组合形成的。由于模仿生物学基因的表达是比较复杂的，为了简化，遗传算法常常采用二进制编码来表达基因。在 Soumaya 等[2]的工作中，将遗传算法应用在了聚类算法的特征优化中。他们利用遗传算法来优化特征组合以获得最优的聚类效果。

在文献[2]基于遗传算法的特征选择中，有三个重要的阶段。第一阶段是构造特征组的遗传表示（基因编码）；第二阶段是拼接基因产生特征组合；第三阶段是用适应值函数评估产生的特征组合的聚类效果。下面将描述具体的步骤。

基于遗传算法的特征选择实现
1. 目标：找出最优特征组合以优化聚类的效果
2. 种群中的每一条染色体都对应着一组特征组（即基因组），用三位数的二进制表示，如 001
3. 输入：数据集 {X}；种群大小；最大迭代次数
4. 开始：生成初始化染色体群 pop，所有样本放入一个初始簇（clusters$_{root}$）中
5. 用遗传算法和基因拼接对数据集进行筛选，形成特征组合
6. 将特征组合投入聚类算法中，求适应值
7. 效果评估

从对基于遗传算法的特征选择的相关研究可知，"选择最优的特征组合"可以视为一种组合优化问题，因此也能通过优化算法解决。根据算法的形成机理，优化算法可以划分成"精确优化"和"启发优化"两种。精确优化是计算所有的解并找出全局最优。然而，这样一来随着数据规模的增加计算的时间成本往往也是呈指数级递增。启发优化则包含了群体智能优化的思想，更关注合理的、良好的解决方案，目的在于找到令人满意的最优解，这样有利于在合理的时间内找到全局最优或近似最优的解。

4.1.3　差分进化算法

（1）差分进化算法理解。和众多优化算法一样，差分进化算法也因其独特的全局性能和良好的求解效果，在特征选择、数据值优化排序等问题的求解方面表现出色[6]。差分进化算法的流程见图 4-2。

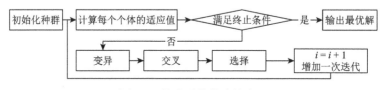

图 4-2　差分进化算法的流程

差分进化算法的变异主要由父代种群利用差分的方式产生，而遗传算法则是按概率选择要变异的个体。差分进化算法的交叉操作是指将变异的个体与预设的另一个个体进行混合，产生新的个体。如果新产生的个体的适应值比预设个体好，则令其取代预设个体。该算法的具体操作流程如下。

差分进化算法的具体操作流程
1. 初始化种群：种群的大小必须大于 4，在给定范围随机生成初始值
2. 变异操作：假设目标向量（即预设个体）为 $X_i(G)$，变异个体的产生过程为

（1）从 $X_i(G)$ 中选择个体 a, b, c，且 $X_i(G) \neq a, b, c$，$a \neq b \neq c$

（2）确定突变因子 F，且 $F \in [0,1]$

（3）计算个体 a 和 b 的比例差异，将结果与 c 相加得到突变体

$$M_i(G+1) = c + F \cdot (a-b) \tag{4-5}$$

当突变体的值超过了预设范围时，重新随机选取特征取代它，避免重复

3. 交叉操作：将目标载体与突变载体结合产生一个后代

4. 选择操作：计算后代的适应值，并与目标向量的适应值进行比较，如果后代的适应值更好，则用其取代原有的目标向量

$$X_i(G+1) = \begin{cases} T_i(G+1), & f(T_i(G+1)) > f(X_i(G)) \\ X_i(G), & \text{其他} \end{cases} \tag{4-6}$$

其中，$T_i(G+1)$ 为目标向量；$f(\cdot)$ 为适应值

差分进化算法的交叉过程针对的是种群的特定维度，而遗传算法针对的是单个个体。相对来说，差分进化算法逼近最优解的效果比遗传算法更稳定且更显著。

（2）基于差分进化算法的特征选择。原始的差分进化算法适用于解决浮点型数据的优化问题，为了使差分进化算法能够适用于特征选择整数型组合的优化问题，亟须对原始的差分进化算法做一些修改。初始化种群是一个 NP×DNF 的矩阵结构，DNF 是期望被选到的特征子集数，NP 为种群数。在利用差分进化算法解决特征选择问题的时候，将算法的搜索空间限制在 1 到特征总数（number of features，NF）。差分进化算法属于一类浮点型数据优化器，在搜索的过程中会从该搜索空间中采样得到浮点型数据，最后对其取整得到离采样数最近的整数。基于差分进化算法的特征选择的伪代码如下。

基于差分进化算法的特征选择的伪代码

1. 种群的初始设计：随机产生一个种群 X，大小为 NP×DNF，每个个体代表一个目标向量

2. 产生突变种群：从初始种群中按随机准则获取两个不同的向量，进行差分计算

产生与初始种群尺寸相同的突变种群 V，$V_{i,g} = X_{i,g} + W \times (X_{r1,g} - X_{r2,g})$

3. 交叉生成新向量：对初始种群和突变种群中对应的个体执行交叉，产生试验向量

$$u_{i,g} = \begin{cases} X_{i,g}, & \text{若随机数 rand} \leq C_p \\ V_{i,g}, & \text{若随机数 rand} > C_p \end{cases}$$

4. 判断 $u_{i,g}$ 是否存在重复特征：

若存在重复特征，利用轮盘赌策略替换重复特征

若不存在重复特征，直接跳到下一步

5. 选择目标向量或试验向量组成下一代种群

6. 更新特征分布权重

7. 判断算法是否达到程序终止的阈值

若达到算法限定的终止阈值，输出种群最优分类效果及其特征子集

若没达到最大迭代次数，则回到第二步

8. rand 表示的是算法需要随机产生范围在 0 到 1 的随机数，C_p 为选择概率

入侵检测问题是应用差分进化算法成功解决特征选择问题的实际应用。入侵检测属于计算机领域的问题，随着技术的进步，计算机要处理的数据呈指数级增加，而入侵检测系统在处理包含不相关和冗余特征的高维数据时面临越来越大的挑战。这不仅增加了计算成本和计算时间，还会提高入侵检测系统的报错率。因此，需要通过降维来解决这样数据冗余的问题，Guan 等[6]就提出了一种基于差分进化的特征选择算法，专门应用于入侵检测数据降维的问题。大致操作流程为：先利用差分进化算法优化数据集，除去不相关及冗余的特征，然后投入学习器进行训练。

4.1.4　人工蜂群算法

（1）ABC 算法理解。该算法是较为新颖的模拟昆虫的群体智能优化，具有强鲁棒性和高灵活性[4]。顾名思义，人工蜂群算法模拟了蜂群跳舞的活动，学习了蜂群的分工合作和信息交流机制，如图 1-4 所示。

蜂群在采集花蜜的时候会涉及传递信息的观察蜂、重新找寻食物的侦察蜂、已经找到食物的雇佣蜂和蜜蜂们寻找的食物源四个对象。每个食物源代表的其实是求解问题的可行性解决方案，算法计算的目标函数值就对应着蜜蜂搜寻到的食物源的质量。在蜜蜂们寻找食物的过程中，雇佣蜂会在一个固定的区域内尝试寻找食物源，如果雇佣蜂找到了合适的食物源，就会将该食物源的相关信息一只一只地互相传递给更远的蜜蜂。而观察蜂观察到雇佣蜂给出的反馈后会选择一个食物源进行进一步的探索。

ABC 算法的具体操作过程如下。

ABC 算法的具体操作过程

1. 初始化，产生数量为 SN 的食物源（可行解），令 $X_i = (x_{i,1}, x_{i,2}, \cdots, x_{i,D})$ 表示第 i 个食物源，获取方式如下：

$$x_{i,d} = x_d^{min} + \text{rand} \times (x_d^{max} - x_d^{min}), \quad d = 1, 2, \cdots, D \tag{4-7}$$

其中，x_d^{min} 和 x_d^{max} 为第 d 维空间中目标函数值的下界和上界

2. 每只雇佣蜂在一个食物源工作，通过修改食物源的位置生成可行解。新的可行解 V_i 是通过旧解 X_i 产生的，方式如下：

$$V_i = X_i + \varphi \times (X_i - X_k) \tag{4-8}$$

其中，k 为随机数，它代表着一个临近当前蜜蜂位置的食物源，$k \neq i$；φ 为均匀分布在固定范围[-1, 1]的随机数

3. 雇佣蜂找到合适的食物源后，会主动将位置信息扩散，靠近它的观察蜂根据收到的信息选择最佳的食物源进行开采，更新机制见式（4-9）：

$$\Pr(X_i) = \frac{\mathrm{fit}(X_i)}{\displaystyle\sum_{j=1}^{\mathrm{SN}} \mathrm{fit}(X_j)} \tag{4-9}$$

其中，$\mathrm{fit}(X_i)$ 为第 i 个食物源的适应值；如果随机数的值小于 $\Pr(X_i)$，那么该食物源将被选择

4. 如果在规定次数的迭代后食物源不能得到改善，那么雇佣蜂就会变成侦察蜂。侦察蜂随机生成新的食物源并删除旧的食物源

　　鉴于 ABC 算法中涉及的控制参数不多，该算法运行时的鲁棒性很好，并且在求解寻优中的收敛速度较快，最终解集的准确率较高，因而该算法是适合应用于特征选择优化问题中的。但是传统的 ABC 算法存在一些不足，如该算法与随机的邻居交换信息（邻居的信息可能比自己的还差）时，会使得算法在局部搜索中无法得到较好的性能表现，容易产生误差较大的结果。此外，每个个体遵循同样的搜索策略，导致算法的多样性较弱。科研工作者为了将 ABC 算法应用到特征选择优化问题中，对其进行了改进并拓展成了多目标优化算法[4]。

　　（2）基于 ABC 算法的特征选择。研究人员为了提高 ABC 算法处理多目标特征选择问题的可能性，提出了双存档多目标改进机制并引入了人工蜂群优化的特征选择算法[4]，除此以外，研究人员还将传统 PSO 算法及经典的差分进化算法中的优化机制加入到该算法中。读者若想对算法策略进行深入了解，可自行查阅文献[4]。此处仅展示具体改进思路。

基于 ABC 算法的特征选择的具体改进思路

1. 给雇佣蜂和观察蜂两种新的搜索策略，聚合导向搜索策略和多样性导向搜索策略

2. 设置两个外部档案

3. 雇佣蜂工作时，采用基于 PSO 算法的聚合导向搜索策略，提高雇佣蜂的全局搜索能力

4. 观察蜂工作时，利用差分进化的差分搜索模型启发的多样性导向搜索策略，增强观察蜂的局部开发能力

　　通过研究可以发现，个体的适应值需要反复计算评估，而基于智能优化算法的特征选择算法通常带有很高的计算成本，因此，如何结合滤波式方法来减少样本容量，降低基于群体智能的特征选择优化问题的计算复杂度是未来值得研究的一个领域。

4.2　基于智能优化特征选择的编码

经过学者不断的探索和研究，基于智能优化的特征选择算法衍生出了繁多的种类和改进，特征选择的表示也随之不断变化。探究不同的特征选择的表示方法是为了更好地与智能优化结合，以实现算法求解问题能力的最大化。本节主要介绍经典智能优化中的特征选择的表示方法：0-1 编码和标准连续编码，并通过具体的智能优化场景来展示，分别为基于遗传算法的特征选择表示[7]、基于粒子群优化的特征选择表示[8]和基于差分进化的特征选择表示[9]。

4.2.1　基于遗传算法的特征选择表示

在遗传算法中[10]，一个种群由 N 条染色体构成，每条染色体上有 D 个基因。为了模拟生物遗传过程中的染色体交叉、变异等过程，遗传算法的编码一般为 0-1 编码，如图 4-3 所示。因此，基于遗传算法的特征选择表示一般也采用二进制串编码方式，1 代表被选中的相关特征，0 代表不被选中的特征。

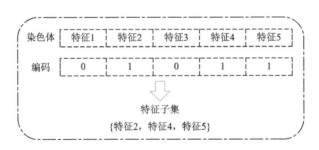

图 4-3　0-1 编码

4.2.2　基于粒子群优化的特征选择表示

PSO 算法通常将一个群体表示为 $N \times D$ 的矩阵，其中 N 为种群的数量（N 个粒子），D 为种群的维度。当 PSO 算法应用于特征选择时，维度 D 一般表示数据集的特征数量，即一个初始粒子是由 D 个特征组成的向量来表示的。PSO 算法包括二进制 PSO 算法和连续 PSO 算法两种[11]，在二进制 PSO 算法中，特征用二进制数表示。例如，用 1 表示被选中的特征，用 0 表示未选中的特征。而对于连续 PSO 算法来说，特征是连续编码的，见图 4-4。这种情况下，需要提前设置一个阈值 θ，用来决定特征的选取。例如，当算法的适应值大于阈值 θ 时，该特征被选中；反之，不选择该特征。

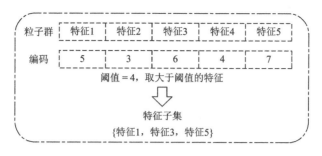

图 4-4 连续编码

4.2.3 基于差分进化的特征选择表示

差分进化算法的初始化种群的大小一般也假设为 $N×D$,N 代表种群的搜索个体数量,D 代表数据集特征个数[9]。由于差分进化算法属于浮点型数据优化器,运算后产生的数值为浮点数。为了便于进行特征选择,差分进化算法采用取整的方式将浮点数转化为整数,其编码方式见图 4-5。

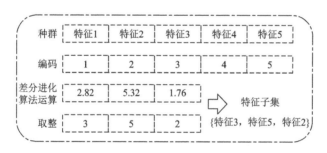

图 4-5 浮点数取整

不同于 PSO 算法对单个特征进行判断,差分进化算法每次迭代都是多个特征一起选择的,即基于个体向量之间的比较来选择特征子集。为了用差分进化算法进行特征选择,Khushaba 等设计了一种基于差分进化算法的特征选择机制,需要计算三个向量的值[9]。第一个是从初始种群中随机选取的向量,记为初始向量 X_{1d}($X_{11}, X_{12}, X_{13}, \cdots, X_{1d}$);第二个是根据初始向量计算而来的向量(计算方法参考文献[9]),记为变异向量 X_{2d}($X_{21}, X_{22}, X_{23}, \cdots, X_{2d}$);最后一个向量是由 X_{1d} 与 X_{2d} 根据交叉算子产生的(交叉算子参考文献[9]),记为试验向量 X_{3d}($X_{31}, X_{32}, X_{33}, \cdots, X_{3d}$),其中 $d≤D$,即每次抽取的特征数量是不同的。

在特征子集选择阶段,原始向量 X_{1d} 会与试验向量 X_{3d} 进行比较(比较哪个向量得到的适应值更好),表现更优的向量被保留,n 对向量($n≤N$)都比较完后,新的种群 $n×d$ 产生,该种群即当前迭代次数里最优的特征的集合。

4.3　特征选择的评估

特征选择算法每一次求出特征子集后，都需要对其进行评估（参考第 3 章特征选择的基本框架）。评价函数根据特征选择方法的不同而不同，分为滤波式特征选择的评价和封装式特征选择的评价[10]，它们的作用主要是评价特征或特征子集的好坏。回顾第 3 章提到的内容，滤波式和封装式的主要区别在于特征的评估。

4.3.1　滤波式特征选择

该方法在算法进入学习前对特征进行评价，选择出特征子集后用于算法下一步的分析运算，分析运算过程与特征子集的选择过程相互独立。该方法的评价准则通常有信息增益、相关系数、一致性和距离，它们各自的评价内容如表 4-1 所示。

表 4-1　滤波式特征选择常用的评价准则

评价准则	内容
信息增益	主要计算选择的特征对整个算法的信息量的影响，越好的特征信息增益越大
相关系数	判断特征与问题的相关性，越好的特征子集所包含的特征与其所属类别的相关性越大
一致性	判断特征与类别的关系，如果不同类的数据在某特征中得到的值一样，则该特征不应该被选择
距离	计算样本距离，好的特征使得同类样本距离近，异类样本距离远

上述评价准则中的信息增益和相关系数在 3.2.1 节中有详细介绍，因此下面主要对一致性和距离这两种评价准则进行解释。

（1）一致性（consistency）。一致性[12]在特征选择的评估中指的是所选特征与类别的关系。假设样本 A 与样本 B 属于两个不同的类，但在两个特征 M 和 N 上的取值一样，那么特征子集 $\{M, N\}$ 不应该被选取作为最终的特征集。

（2）距离（distance）。距离评价准则[13]指的是样本到同一类别中心的距离，假设有特征子集 M 与 N，M 使得属于 A 类的样本到 A 中心的距离更近，那么 M 就是一个较好的特征子集。而 N 使得本应该属于 B 类的样本向 A 中心靠近了，那么 N 就是一个不合格的特征子集。常用的距离测量方法有欧氏距离[14]、马氏距离等[15]。

欧氏距离计算的是两个样本点之间的直线距离；而马氏距离计算的是一个分布和样本点间的远近距离，能够计算未知样本间的相似度。

4.3.2　封装式特征选择

此方法先产生特征子集，子集经过分析运算后得到的结果用于衡量该子集的好坏。该方法常用特征选择在分类器中的表现（正确率、错误率）作为评价准则。常用的分类器在本书 3.2.2 节中有详细的介绍，分别是有 KNN 算法、朴素贝叶斯算法、决策树，它们在特征选择过程中的主要判别内容如表 4-2 所示。

表 4-2　封装式特征选择常用的评价准则

评价准则	内容
KNN 算法	依据 K 个邻近相似样本的类别来判断当前样本的所属类别[16]
朴素贝叶斯算法	依据贝叶斯理论和统计学方法对样本进行分类[17]
决策树	依据特征与类别之间的映射关系进行分类[16]

根据分类结果定义适应值函数（即错误率）如下：

$$Fit = \frac{FP + FN}{TP + FP + TN + FN} \qquad （4-10）$$

其中，TP、TN、FP、FN 分别为真阳性、真阴性、假阳性和假阴性。这种评估方式更适用于分为两类的二元分类问题：一类正类和一类负类。

为了评估两个或多个类别的分类性能，重新定义适应值函数以评估涉及多个类别时的分类性能：

$$Fit = \frac{FG}{TG + FG} \qquad （4-11）$$

其中，TG 为被正确分组的样本数；而 FG 为被错误分组的样本数。

4.4　本　章　小　结

本章从经典的智能优化算法出发，详细阐述了各个算法的原理、框架，以及适用于特征选择问题的策略，并对基于智能优化的特征选择实现与评估方法进行了介绍。除了本章提到的几类算法之外，其他学者还提出了将基于蚁群优化[18]、基于人工免疫系统[19]、基于萤火虫优化[20]、基于蝙蝠优化[21]等的智能优化算法应用于特征选择问题。可以发现，将智能优化算法应用于特征选择问题，现有的研究工作已经取得了不错的进展和突破。未来的研究中，值得关注的有：多目标优化的特征选择问题[22]、集成多种智能优化算法的特征选择问题[23]等。在接下来的章节中，将着重介绍新型菌群优化算法在特征选择问题上的应用，试图充分发挥基于模拟菌群行为的优化算法在特征选择问题中的潜力。

参 考 文 献

[1] Kennedy J，Eberhart R. Particle swarm optimization. ICNN'95-International Conference on Neural Networks，1995.

[2] Soumaya Z，Drissi Taoufiq B，Benayad N，et al. The detection of Parkinson disease using the genetic algorithm and SVM classifier. Applied Acoustics，2021，171：107528.

[3] Hancer E，Xue B，Zhang M J. Differential evolution for filter feature selection based on information theory and feature ranking. Knowledge-Based Systems，2018，140：103-119.

[4] Zhang Y，Cheng S，Shi Y H，et al. Cost-sensitive feature selection using two-archive multi-objective artificial bee colony algorithm. Expert Systems with Applications，2019，137：46-58.

[5] Amoozegar M，Minaei-Bidgoli B. Optimizing multi-objective PSO based feature selection method using a feature elitism mechanism. Expert Systems with Applications，2018，113：499-514.

[6] Guan B X，Zhao Y H，Yin Y，et al. A differential evolution based feature combination selection algorithm for high-dimensional data. Information Sciences，2021，547：870-886.

[7] Siedlecki W，Sklansky J. A note on genetic algorithms for large-scale feature selection. Pattern Recognition Letters，1989，10（5）：335-347.

[8] Unler A，Murat A. A discrete particle swarm optimization method for feature selection in binary classification problems. European Journal of Operational Rosearch，2010，206（3）：528-539.

[9] Khushaba R N，Al-Ani A，Al-Jumaily A. Feature subset selection using differential evolution and a statistical repair mechanism. Expert Systems with Applications，2011，38（9）：11515-11526.

[10] Nguyen B H，Xue B，Zhang M. A survey on swarm intelligence approaches to feature selection in data mining. Swarm and Evolutionary Computation，2020，54：100663.

[11] Tran B，Xue B，Zhang M J. Overview of particle swarm optimisation for feature selection in classification. Asia-Pacific Conference on Simulated Evolution and Learning，2014.

[12] You W J，Yang Z J，Ji G L. PLS-based recursive feature elimination for high-dimensional small sample. Knowledge-Based Systems，2014，55：15-28.

[13] Ye F，Luo J Q，Yu Z F. Unsupervised feature selection algorithm based on center distance ratio principle. Computer Engineering and Applications，2009，45（4）：162-164.

[14] Tan S B，Liu L，Peng C Y，et al. Image-to-class distance ratio：a feature filtering metric for image classification. Neurocomputing，2015，165：211-221.

[15] Ververidis D，Kotropoulos C. Information loss of the mahalanobis distance in high dimensions：application to feature selection. IEEE Transactions on Pattern Analysis and Machine Intelligence，2009，31（12）：2275-2281.

[16] Taradeh M，Mafarja M，Heidari A A，et al. An evolutionary gravitational search-based feature selection. Information Sciences，2019，497：219-239.

[17] Fang H Q，He L，Si H，et al. Human activity recognition based on feature selection in smart home using back-propagation algorithm. ISA Transactions，2014，53（5）：1629-1638.

[18] Yan Z，Yuan C W. Ant colony optimization for feature selection in face recognition. International Conference on

Biometric Authentication，2004.

[19]　Lin S W，Chen S C. Parameter tuning，feature selection and weight assignment of features for case-based reasoning by artificial immune system. Applied Soft Computing，2011，11（8）：5042-5052.

[20]　Yang X S. Firefly algorithms for multimodal optimization. International Symposium on Stochastic Algorithms，2009.

[21]　Yang X S. A new metaheuristic bat-inspired algorithm//González J R，Pelta D A，Gruz C，et al. Nature Inspired Cooperative Strategies for Optimization（NICSO 2010）. Berlin：Springer，2010：65-74.

[22]　Dong H B，Sun J，Sun X H，et al. A many-objective feature selection for multi-label classification. Knowledge-Based Systems，2020，208：106456.

[23]　Drotár P，Gazda M，Vokorokos L. Ensemble feature selection using election methods and ranker clustering. Information Sciences，2019，480：365-380.

第 5 章　新型菌群特征选择算法

如第 2 章所述，以细菌群体的觅食过程作为研究对象的一类群体智能优化算法，近年来得到了广泛研究。这一类算法不仅具有群体智能优化算法并行搜索的优点，而且在全局搜索中展现出了优异的能力，受到了广泛的关注和研究。BFO算法的全局搜索能力恰恰是解决特征选择的关键。BFO 算法通过其特有的趋化、复制、消亡和迁移等生物行为，能够保障菌群从全局角度搜索优异的特征子集，达到更高的分类准确率。因此，将菌群智能优化算法应用于大数据特征选择的优化问题是可行的。

然而，传统的菌群优化算法因为结构复杂、计算时间较长，无法满足大数据时代数据挖掘工作对处理速度的要求。因此，本章将从不同的角度介绍一系列新型的基于菌群优化算法的特征选择算法，阐述新型菌群优化与特征选择算法融合的思路。首先，介绍针对新型菌群优化的改进策略，包括特征权重策略及参数改进策略。其次，从特征选择问题入手，介绍基于新型菌群优化的多目标优化扩展策略。

5.1　基于特征权重策略的菌群特征选择算法

基于特征权重的策略主要是根据特征个体在组合中的重要程度赋予每个特征大小不同的权重系数进行区别和排序。本节将详细说明基于特征权重策略的菌群特征选择算法（本节涉及的算法代码详见附录）。

图 5-1 展示了该算法的总体框架，所提策略的基本思想是按数据特征的贡献为其分配不同的权重，以提高贡献度高的特征被保留的概率。在特征子集生成的过程中，有效的组合可以增强算法求解问题的性能。因此，除了需要关注单个特征的贡献度外，多个特征的组合效果也值得重视。算法迭代过程中，每个特征的贡献度决定了该特征被分配的权重，而特征的重复被选频率则影响着特征组合的多样性。为了方便记录特征的贡献度和被选频率，定义以下两个矩阵，即存档和权重，分别用于存储特征的出现频率和特征的性能。引入权重的目的在于，赋予具有较高分类准确率的特征更高的权重以提高该特征被保留的概率；而引入存档的目的在于，赋予出现频率少的特征较高的被选概率，以获得更彻底的搜索能力。该策略的细节将在 5.1.1 节中进行描述。

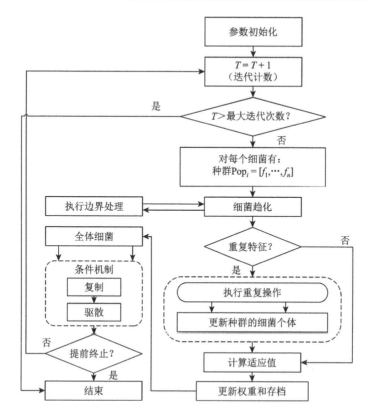

图 5-1　基于特征权重策略的菌群特征选择算法的总体框架

5.1.1　特征选择策略

1. 基于性能表现的权重策略设计

首先，假定特征总数为 H ，用权重 $W = \{W_{f1}, \cdots, W_{fH}\}$ 记录被细菌选中的特征的性能得分，并在初始化阶段令所有特征的权重为 0，即 $W = \{0, \cdots, 0\}$ 。其次，根据特定的规则在优化过程中持续更新特征的性能得分。

在分类任务中，将特征添加到候选特征子集后，如果新的特征子集的分类性能有所提高，则说明该特征具有较高的代表性，适合用于分类。同样地，假如用新特征替换原特征子集中的某一个旧特征，算法的分类性能有所提高，在这种情况下，我们很容易得出以下结论：新添加的特征将带来比旧特征更高的分类性能，并且新添加的特征也应被赋予比先前替换的特征更高的权重。

如果细菌选中符合上述情况的特征，则该特征的权重将被及时更新和调整。以用分类错误率衡量特征性能的情况为例，此时，错误率越小意味着特征组合的性能越好。权重更新的过程如下，在第 m 个细菌中添加第 i 个特征，当前错误率记为 $F(f_i, m)$，如果 $F(f_i, m)$ 小于先前的错误率 $\text{Fit}(f_i, m)$，则第 m 个细菌中第 i 个特征的权重将增加，权重增加的规则见式（5-1）。如果增加的特征导致分类错误率提高，则该特征的权重将降低，权重降低的规则见式（5-2）。

若 $F(f_i, m) < \text{Fit}(f_i, m)$，则

$$W(f_i, m) = W(f_i, m) - |\text{Fit}_{(f_s, m)} - F_{(f_s, m)}| / \text{Fit}_{(f_s, m)} \tag{5-1}$$

否则，

$$W(f_i, m) = W(f_i, m) - \text{Fit}_{(f_s, m)} \times |\text{Fit}_{(f_s, m)} - F_{(f_s, m)}| \tag{5-2}$$

该策略主要通过分类错误率来评估细菌的适应值，并且规定每次权重的增加程度大于权重的减少程度，目的是避免大规模的特征从候选特征子集中被去除，防止过小的特征子集降低算法的分类性能。

根据文献[1]中提出的机制，特征的质量还可以通过该特征在良好子集中被选择的次数来评估。设参数 Q_{fi} 为特征在候选特征子集中的分布，且使用式（5-3）、式（5-4）来更新 W。

$$Q_{fi} = \frac{G_i / (G_i + B_i)}{\max_j (G_j / (G_j + B_j))} \tag{5-3}$$

$$W(f_i, m) = W(f_i, m) + Q_{fi} \tag{5-4}$$

其中，细菌的编号为 $m = 1, \cdots, \text{NP}$，NP 为细菌总数；G_i 为当前分类错误率小于特征子集的平均分类错误率（即具有更好的性能）时，第 i 个特征被采用的次数；B_i 是在当前性能表现比平均水平差的特征子集中，第 i 个特征被采用的次数。

基于性能表现的权重策略的具体内容如下。

基于性能表现的权重策略

For 遍历每个细菌

  If 加入第 k 个特征且移除第 s 个特征时，分类准确率比上一次的小

    更新第 m 个细菌中的第 k 个特征的权重（式（5-1））

    更新第 m 个细菌中的第 s 个特征的权重（式（5-2））

    // 通过每次迭代的适应值更新第 m 个细菌的权重

  End If

End For

For 遍历每个细菌

  评估每个细菌所选特征的分类错误率（适应值），计算每个特征的质量（式（5-3））

  更新矩阵 W 排序（式（5-4））

  // 根据更好的变量中出现的特征更新矩阵 W

End For

---

2. 基于特征出现频率的外部档案设置

为了尽量选择出不重复的特征组合以计算各类特征对分类的综合影响，不同特征被选择放置于特征组合优化的频率将通过外部档案（即矩阵）Arc 记录。使用 Arc，可以快速定位尚未被选择的特征，提高其被选择的概率。基于 Arc 中特征的出现频率，外部档案是一个 $aH \times \mathrm{NP}$ 的矩阵。在初始化阶段，所有特征被选的次数均为 0，使用式（5-5）记录第 m 个细菌中第 i 个特征的被选择的次数。

$$\mathrm{Arc}(i,m) = \mathrm{Arc}(i,m) + 1 \qquad (5-5)$$

$\mathrm{Arc}(i,m)$ 的值越大，表示第 m 个细菌中第 i 个特征的出现频率越高。定位未被选择的特征的原理如下，如果特征永远不在该矩阵中（矩阵代表细菌的位置），表明细菌一直未被选中，其 Arc 值始终为零。因此，找到 Arc = 0 的特征后可以提高该特征的权重 W，使算法以较大的概率对它进行选择。

3. 重复特征处理策略

尽管已预先定义了最大的特征选择数目，但是同一特征可能会重复出现在同一次选择中。例如，假设第 m 个细菌的位置是 $\mathrm{Pop}_m = \{121,2,1,121,4,25\}$，那么第一个和第四个特征就是重复特征。此时，可以选择新特征来替换重复的特征。为了保证细菌选择特征的唯一性（无重复），将采用未被选择的特征或更高质量的特征来替换重复的特征。

替换重复特征的策略如图 5-2 所示，该策略定义了一个概率 P，用以决定使用哪些特征进行替换，H 是特征的总数，D 是要选择的特征的维数或数量。

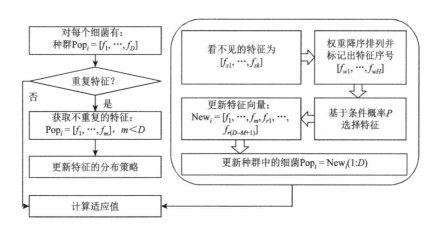

图 5-2　替换重复特征的策略

当要选择的特征数 D 较小或特征总数 H 较大时，未被选择的特征用于替换的概率较大。当 $P \geqslant (H-D)/H$ 时，用 W 的值决定用于替换的特征。但是，如果具有最高的 W 的特征已经在特征子集中，则采用 W 第二的特征替换重复的特征。替换过程如下。

重复特征处理

If $P < (H-D)/H$

    选择一个未被选择过的特征替换重复特征（ $\text{Arc}(i,m) = 0$ ）

Else   选择具有最高权重且不在特征子集中的特征替换重复特征

// 移除重复特征

End If

---

4. 边界处理策略

边界处理是为了控制超出搜索空间的细菌。从根本上讲，游动到不可行区域的细菌必须去除，因为超出搜索区域的细菌活动是没有意义的。但是，可将这些细菌视为边界成员，使它们变成包含边界信息的个体。例如，在 BCO 算法中（该算法详见 2.2.4 节），假设第 i 个细菌的位置为 $X_i = [f_{i1}, \cdots, f_{iD}]$，$f_{ij}$ 是第 i 个细菌的第 j 个特征，则边界条件按以下方式处理：

$$如果 f_{ij} > f_{\max}，则 f_{ij} = f_{\max}$$
$$如果 f_{ij} < f_{\min}，则 f_{ij} = f_{\min}$$

其中，$f_{\max}$ 为特征序号最大的特征；而 $f_{\min} = 0$。

5.1.2　基于特征权重策略的菌群优化特征选择算法

菌群优化算法的趋化过程包括游动和翻转两个独立的行为。基于特征权重策略的 BCO 特征选择算法在游动和翻转的过程中，首先设计了两个不同的矩阵 W 和 Arc，分别用于存储特征的重要指标（详见 5.1.1 节）。其次，对于细菌的游动过程，设计了个体最优的与种群最优的交流机制。Gbest 代表了菌群搜索的最佳位置或算法选择的最佳特征子集。pbest 可以是产生最佳适应值的细菌的位置，也可以是整个细菌种群位置记录档案中的最佳位置。假设细菌的学习概率为 P_c，则第 i 个细菌在其维度上的适应值如下：

如果 $P_c^d < P_c$

$$\text{Fit}_j = \min(\text{Fit}_s, \text{Fit}_t)，\quad \text{pbest}_i^d = \text{Pop}_j^d$$

否则

$$\text{pbest}_i^d = \text{Gbest}^d$$

其中，P_c^d 为随机数，取值范围是 0 到 1，即 pbest_i 中第 d 维细菌的学习概率。基于特征权重策略的 BCO 特征选择算法的伪代码如下。

伪代码 1：基于特征权重策略的 BCO 特征选择算法的伪代码

输入：训练集和测试集（Tr 和 Te），被选择的特征数 D

初始化参数：Pop，Arc，W，C，R，P_c，$\text{iter} = 0$，$T = 0$，控制参数 $T1$，$T2$，$T3$

优化搜索过程：

While 迭代次数 iter＜Max_iteration

　　迭代次数 iter = iter + 1

　　记录 Gbest 和 pbest

　　If　$\text{Gbest}_{\text{iter}} == \text{Gbest}_{\text{iter}-1}$

　　　$T = T + 1$

　　Else $T = 0$

　　End If

　　　执行游动操作

　　　重复特征处理

　　　计算适应值 f，并与上一次迭代适应值 Fit 对比

　　If　Fit＜f（假设目标函数是最小化问题）

　　　翻转操作，调整细菌搜索方向

　　End If

　　调整 Arc，W，参考 62 页基于性能表现的权重策略的具体内容

　　If　iter＞Max_iteration / 2　&　$T == T1$

　　执行复制操作

　　End If

　　If　iter＞Max_iteration / 2　&　$T == T2$

　　执行迁移操作

　　End If

　　If　iter＞Max_iteration/2　&　$T == T3$

　　　提前结束循环迭代

　　End If

End While

输出：分类准确率及其相应选中的特征向量

被选中的特征子集的有效性由选用的分类器的分类效果来衡量，分类错误率如式（5-6）所示：

$$Fit = FS / (TS + FS) \qquad (5-6)$$

其中，TS 和 FS 分别为被正确分类和错误分类的样本数。

为了减少优化过程中的冗余搜索，设计了一种"跳出早熟"的策略，以指导复制繁殖、消散迁移操作和提前终止优化过程。该策略引入群体最优（Gbest）以反映细菌菌群的一般搜索能力。如果 Gbest 的值在相当一段时间内没有变化，则应使用某些策略来调整当前菌群的搜索区域，以避免搜索陷入局部最优。此外，算法的复制繁殖操作被用于繁殖高质量细菌并去除不良细菌；消散迁移操作的目的是随机改变细菌的位置。BCO 算法的停止准则既可以由达到最大迭代次数决定，也可以由 Gbest 的不变状态决定。

为了降低计算成本，设置了 $T1$、$T2$、$T3$ 三个控制参数，较大的 $T1$（或 $T2$）减少了复制繁殖（或消散迁移）操作的重复次数；而较小的 $T1$（或 $T2$）带来了更频繁的复制繁殖（或消散迁移）操作。此外，较大的 $T3$ 表示等待最优解的时间较长，因此需要适当定义该值，以避免冗余搜索最优解（值太大）或局部最优解（值太小）。在研究中，我们发现将 $T3$ 保持在 20～25 效果明显。为了在复制繁殖操作之前增加随机性，$T2$ 和 $T1$ 的值必须小于 $T3$，并且 $T2$ 应小于 $T1$。将 $T2$ 和 $T1$ 限制在 10～20 也是合适的。基于特征权重策略的 BFO 特征选择算法的伪代码如下。

伪代码 2：基于特征权重策略的 BFO 特征选择算法的伪代码

输入：训练集和测试集（Tr 和 Te），被选择的特征数 D

初始化参数：Pop，Arc，W，C，NP，C_{max}，C_{min}，N_c，N_r，N_e

优化搜索过程：

For $k = 1 : N_e$

  For $j = 1 : N_r$

    For $i = 1 : N_c$

      选择趋化步长策略，线性递减或非线性递减

      游动操作

      处理重复特征

      计算适应值 f 并与上一次迭代的适应值 Fit 对比

      If Fit $< f$（假设目标函数是最小化问题）

      翻转操作，调整细菌的搜索方向

      End If

调整 Arc 和 W，参考 62 页基于性能表现的权重策略的具体内容

End For

复制繁殖操作

End For

消散迁移操作

End For

输出：分类准确率及其相应选中的特征向量

5.1.3　实验与分析

（1）对比实验设计：为了验证所提出的特征选择算法的有效性，比较了一些具有代表性和开发完善的算法，以进行分类问题中的特征选择。

基于差分进化的特征选择（differential evolution feature selection，DEFS）算法[1]：该算法的搜索空间已被限制为预定义的大小，并且该算法已被证明比受约束的遗传算法、BPSO1、BPSO2①和 ANT（ant colony based feature selection，蚁群特征选择）算法具有更好的性能。

混合方法：信息增益（IG）–遗传算法（GA）[2]，即 IG-GA，它是一个两阶段方法，由滤波器（信息增益）和基于封装的方法（遗传算法）组成，没有最大特征尺寸的限制。

改进的二进制粒子群（improved binary PSO，IBPSO）算法[3]：具有自由搜索空间的 PSO 的改进算法，已被证明在特征选择问题上是有效的。

将这些算法在 15 种具有大量特征且"特征/样本"比率高的多类微阵列基因表达癌症数据集上进行测试。特征/样本比率高意味着引入的微阵列基因表达癌症数据集具有大量特征，而样本数量却很少。

分类器及参数设置：由于本节的目的是开发一种有效的特征选择策略，因此可以采用任一分类器评估特征选择效果，KNN 算法是一种广泛使用的分类器，本节选用 $K = 5$ 进行实验。

根据文献[1]，取得最优解的特征子集仅包含原始数据十分之一的特征，对于较大的数据集来说，特征数小于 50 可以实现较高的分类准确率。因此，BCO 算法对于具有较小特征尺寸的数据集，所需的特征数在 1 到 10 之间；对于具有较大特征尺寸的数据集，所需的特征数在 5 到 50 之间。

众所周知，一般地，群体智能优化算法的种群规模越大，越有可能得到全局解，

---

① BPSO1 和 BPSO2 是两种改进的二进制（binary）粒子群优化算法。

但同时计算成本也在增加。因此，普遍的现象是效率并不与种群规模呈正相关。所以应考虑统一标准的种群规模，所有特征选择算法中的种群规模均定义为50。迭代次数在一定程度上影响了计算成本，为此BCO算法的最大迭代次数限定为100（与DEFS算法中相同）。BCO算法中的综合学习概率为：$P_c^d = 0.5 \times (e^{5t} - 1) / (e^5 - 1)$，$t = 0:1/(NP-1):1$。BCO算法中的觅食控制策略参数为：$T1 = 10$，$T2 = 12$，$T3 = 20$。考虑到BCO算法中使用的数据集大多具有大规模特征数，算法的搜索空间受预定迭代次数的限制，因而可能无法完全遍历所有特征。所以值得注意的是，前面已经提到了特征子集数量的增加并不能提高分类的准确率，因此，算法要选择的特征数可以设置为不超过50。DEFS、IG-GA和IBPSO算法的参数设置分别与文献[1-4]中相同。

（2）实验结果及分析。在数据集中，表现最好的算法的结果已加粗。根据表5-1，IG-GA和IBPSO算法能够达到较高的分类准确率。但是，选择用于分类的特征数量仍然很大。在要选择的特征数量和分类准确率方面，DEFS算法优于这两种算法。即便如此，使用相似数量特征的基于BCO的特征选择算法所实现的准确率仍高于基于DEFS的特征选择算法。

表 5-1　进化特征选择算法对比实验（KNN）

数据集	指标	对比算法			
		BCO	DEFS[1]	IG-GA[2]	IBPSO[3]
9_Tumors	A_Rate	**0.9222**	0.7960	0.8500	0.7833
	F_no.	28.3	40	52	1280
11_Tumors	A_Rate	**0.8962**	0.9322	0.9253	0.9310
	F_no.	24.1	40	479	2948
14_Tumors	A_Rate	**0.6764**	0.6230	0.6526	0.6656
	F_no.	43.6	50	810	2777
Brain_Tumor1	A_Rate	**0.9630**	**0.9630**	0.9333	0.9444
	F_no.	15.5	30	244	754
Brain_Tumor2	A_Rate	**1.0000**	0.9750	0.8800	0.9400
	F_no.	8.0	25	489	1197
SRBCT	A_Rate	**1.0000**	**1.0000**	**1.0000**	**1.0000**
	F_no.	9.0	11	56	431
Leukemia1	A_Rate	**1.0000**	**1.0000**	**1.0000**	**1.0000**
	F_no.	7.0	13	82	1034
Leukemia2	A_Rate	**1.0000**	**1.0000**	0.9861	**1.0000**
	F_no.	3.5	10	782	1292
DLBCL	A_Rate	**1.0000**	**1.0000**	**1.0000**	**1.0000**
	F_no.	3.1	5	107	1042
Lung_cancer I	A_Rate	**0.9934**	0.9890	0.9557	0.9655
	F_no.	32.1	40	2101	1897
Postate_Tumor	A_Rate	**1.0000**	0.9850	0.9608	0.9229
	F_no.	7.0	15	343	1294

注：A_Rate 为 accuracy rate，表示分类准确率；F_no. 为 feature number，表示特征数量，单位为个

在所介绍的特征选择算法中，BCO 算法在选择最少的特征的情况下在改善分类准确率方面具有最佳性能。选择的机制主要取决于用于特征更新的权重分配和重复特征处理机制。根据特征对分类性能的影响去评估其重要性，并赋予其差异化的权重值。此外，Arc 矩阵会增强未被选择的特征被选择的概率，在某种程度上，这极大地提升了种群找到最优解的能力，尤其是当可供选择的特征总数很大时。BCO 特征选择算法使用的分类时间较短，部分原因是加入了跳出早熟的机制，而复制繁殖、消散迁移和跳出早熟机制的行为均由种群的全局最优决定。通过这种方式，可以最小化冗余迭代的可能性。

本节涉及的算法代码（MATLAB）详见附录。

5.2　基于参数改进策略的菌群特征选择算法

基于生物行为的菌群优化算法，包括趋化、复制、消亡和迁移三种策略，其优化性能在很大程度上由多参数决定，包括种群大小、运动步长、趋向操作和复制操作等。目前，基于参数控制的菌群特征选择算法的研究还比较少。本节以基于细菌的特征选择算法（bacterial based algorithm for feature selection，BAFS）为例，介绍其基本的算法原理。BAFS 的总体框架如图 5-3 所示。

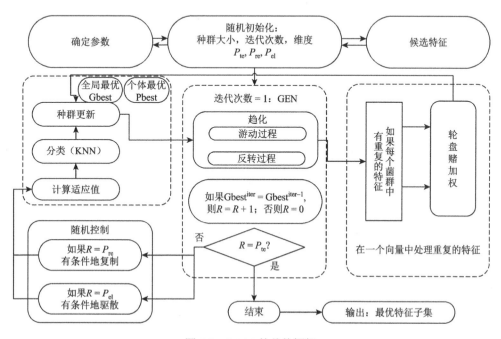

图 5-3　BAFS 的总体框架

在该算法中，细菌群体的位置由 Popsize×DNF 的矩阵与 Popsize 随机生成的向量表达，其中 DNF 为所需特征数量的维数。搜索空间限制在 1 到 NF 之间。每个向量代表一个选定的特征子集，每个向量中的值应为整数。如果在优化过程中它们不是整数，则应将它们四舍五入为最接近的整数（介于 1 和 NF 之间）。

在优化搜索过程之前，需要对群体进行随机初始化。该算法针对三个控制随机性的参数（P_{re}、P_{el} 和 P_{te}）进行了详细研究。P_{te} 用于控制最优搜索，P_{re} 和 P_{el} 用于控制复制、消亡和迁移策略的频率。为了提高细菌的搜索能力，在优化过程中交替使用趋化性和翻滚过程，并采用"轮盘赌加权策略"来区分特征并从向量中删除重复特征（即代表细菌的位置）。为了降低冗余迭代的计算成本并避免局部最优，该算法采用了全局最优（即 Gbest）的适应值来探讨条件策略。

在下面的小节中，将对 BAFS 中涉及的一系列策略分别进行介绍和说明。

5.2.1　轮盘赌加权策略

特征选择编程中，最常见的处理方法是固定特征选择的维度，也就是预先确定所需选择的特征的最大数量，以便比较不同算法的有效性。因此，在同一向量中重复出现的特征，将被删除或者替换。本节将介绍一种轮盘赌加权策略[1, 5]，用于处理重复出现的特征。轮盘赌加权策略通过计算特征在总体中的分布来评估特征对目标函数的影响，计算当前迭代中特征 f_i 的权重的方法为式（5-7）。

$$W(i) = C \times \frac{GS_i}{GS_i + PS_i} + \frac{NF - DNF}{NF} \times \left(1 - \frac{GS_i + PS_i}{\max\{GS_i + PS_i\}}\right) \qquad (5-7)$$

其中，C 为一个正常数项，反映了良好子集中特征的重要性；GS_i 为特征 f_i 在子集中表现优于平均水平（即群体的平均水平）的次数；而 PS_i 为特征 f_i 在子集中表现劣于平均水平的次数；NF 为特征总数；DNF 为期望选择的特征数量。

式（5-7）中，第一项为特征 f_i 在表现良好的特征子集中的贡献度。第二项中的 $(GS_i + PS_i) / \max\{GS_i + PS_i\}$ 旨在为在特征向量中出现次数较少的特征赋予更高的选择权重。$(NF - DNF) / NF$ 是一个权重因子，是当所需特征数量比总特征数量少时，赋予第二项更高权重的加权因子。加权指数 $W(i)$ 的值越大，表示选择特征 f_i 替换重复特征的可能性越高。

5.2.2　随机控制策略

为了避免优化最优解的过程中出现冗余搜索，本书提出了随机控制策略。具体地，考虑到节省计算成本，菌群优化算法 BAFS 采用了预先确定的处理规则，在 BCO 算法的基础上采用生命周期机制来进行繁殖和消除操作，以提高优化效率，避免传统的基于菌群优化的算法会遇到的过度随机性搜索的问题。随机控制策略如下。

随机控制策略

If 全局最优没有改变

　　记录算子 Record = Record + 1

else

　　记录算子 Record = 0

End If

If 记录算子 Record = P_{te}

　　成功算子 Success = 1　　// 停止搜索过程，避免冗余搜索

End If

If 记录算子 Record = P_{re}

　　执行复制操作

End If

If 记录算子 Record > P_{el}

　　执行迁移操作

End If

三个参数均用于随机性控制，更具体地说，参数 P_{te} 用于控制最优搜索，而参数 P_{re} 和 P_{el} 分别用于控制复制、消亡和迁移策略的频率。参数 P_{te} 的值越大，表示等待最佳解决方案的迭代时间越长。因此，该参数不能太大，以免给算法带来计算负担。参数 P_{re} 和 P_{el} 用于确定复制、消亡和迁移的过程，复制用于剔除种群中表现较差的部分细菌，提高种群后代的质量。为了提高菌群总体的多样性，采用了消亡和迁移过程来改善个体的多样性并增强全局最优化的能力。较小的 P_{el} 值会给总体带来更多的随机性，而较大的 P_{el} 值则表明多样性较低。因此，个体的随机性取决于参数 P_{re} 和 P_{el}，而用于控制冗余搜索的参数为终止参数 P_{te}。

5.2.3　改进的复制和消亡迁移策略

典型的 BFO 算法在连续问题中根据单个细菌的历史表现选择相对较优的一部分群体进行复制繁殖，但是它在解决离散组合问题（如特征选择问题）时却不太有效。因此，亟须设计有效的针对离散组合问题的复制策略。本节的特征选择算法对典型的 BFO 算法的复制策略进行了改进。

在提出的 BAFS 中,菌群的质量通过分类性能来评估。因此,菌群位置对应的特征组合效用可通过分类准确率(即算法中的适应值)来反馈。单个特征在特征组合中的贡献大小,我们结合适应值的大小,采用式(5-7)计算加权指数 $W(i)$,并进行排序。矩阵 CC 用于记录在特定细菌中出现的每个特征。因此,CC 是一个 $NF \times Popsize$ 的矩阵,其中 NF 为特征总数,Popsize 为种群中的细菌数。

(1)复制。为了提高菌体素质,通过复制过程,较低分类准确率的个体将被更新。在 BAFS 中,性能高于平均水平[式(5-8)的种群平均水平 AvgFit]的细菌将替代性能低于平均水平的细菌。

$$AvgFit = \frac{1}{Popsize} \sum_{i=1}^{Popsize} Fitness_i \qquad (5-8)$$

$$Fitness_i = \frac{FS_i}{TS_i + FS_i} \qquad (5-9)$$

优化过程中的目标函数是分类错误率,其中 TS 和 FS 分别为正确分类和错误分类的测试样本数。假设优化的目的是使适应值函数最小化,适应值大于 AvgFit 的细菌将替换为适应值小于 AvgFit 的细菌。适应值按升序排序,位于前面的细菌比位于后面的细菌表现更好。如果第 $(Popsize - i + 1)$ 个细菌的适应值小于 AvgFit,则繁殖过程如下:

$$\theta(Popsize - i + 1) = \theta(i) \qquad (5-10)$$

其中,$\theta(i)$ 为第 i 个细菌;Popsize 为菌体总数。

(2)消亡-迁移。消亡-迁移过程被用来保证所提出算法的多样性和全局优化。由于特征选择中的变量不是连续的,并且该问题是从数据集中选择特征的最佳子集的组合问题,因此重新设计了随机性的消除和分散过程,以使该算法适合特征选择优化问题。矩阵 CC 初始化阶段所有元素均为零。如果第 i 个特征在第 j 个细菌中出现,则矩阵 $CC(i, j)$ 等于 1。根据式(5-7),按照对特征子集的贡献对特征进行排序。根据矩阵 CC,将权重较低的特征替换为尚未出现在特征子集中的特征(从未用于评估的特征,即 $CC(i, j) = 0$)。假设第 i 个细菌为 $\theta(i) = [f_{i1}, f_{i2}, \cdots, f_{iD}]$,根据式(5-7)将这些特征按照权重降序排列,最后一个特征 f_{iD} 的权重 W 最低。因此,第 i 个细菌中的特征 f_{iD} 将被一个从未在该细菌中出现过的新特征取代。细菌将更新如下:

$$\theta(i) = [f_{i1}, f_{i2}, \cdots, f_{iD-1}, f_N] \qquad (5-11)$$

其中,f_N 为从未在第 i 个细菌中出现过的特征,其记录矩阵 $CC(N, i) = 0$。

5.2.4 基于参数改进策略的菌群特征选择算法的伪代码

综上所述,BAFS 的伪代码如下。

伪代码 3：BAFS 的伪代码

初始化：维度，种群数量，最大迭代次数，成功算子（Success = 0），记录算子（Record = 0），P_{te}，P_{re}，P_{el}

While 驱化迭代次数＜最大迭代次数&成功算子 Success = 0

计算并更新 Pbest，Gbest

  For 遍历每个细菌

   执行驱化操作

   更新适应值 Fitness

  If 之前的适应值＜当前迭代的适应值，即 Fitness^{iter-1}＜Fitness^{iter}

    执行翻转操作

  Else

更新个体历史最优 Pbest

End If

  End For

  更新全局最优 Gbest

  If 全局最优没有变化，即 Gbest^{iter-1} = Gbest^{iter}

    记录算了 Record = Record + 1

  Else

Record = 0

  End If

  If　Record = P_{te}

   更新成功算子 Success = 1　//避免冗余搜索

  End If

  If 记录算子 Record = P_{re}

   执行复制操作

  End If

  If　记录算子 Record＞P_{el}

   执行消亡-迁移操作

End If

End While　//达到最大迭代次数

输出：依据适应值函数输出最优细菌的位置

5.2.5　实验与分析

（1）参数设置及测试标准：本节着重探讨随机性控制策略中的三个参数（P_{te}、P_{re} 和 P_{el}）。为了选择适当的参数进行随机控制，使用数据集 9_tumors 进行参数评

估。数据集中的所有属性值均已输入为数值。该数据集包括 60 个实例，分属 9 个
类别，并且这些实例具有 5726 个特征，预期要选择的特征子集的数量定义为 30
（来自 5726 个特征）。实例分为两组：用于训练的 75% 和用于测试的 25%。适应值
函数设置为分类器所实现的分类错误率。在这项实验中，选用 $K = 5$ 的 KNN 算法
作为评估特征选择算法性能的分类器。BAFS 的菌群总体大小为 50，最佳迭代的
最大迭代次数为 300。研究了用于避免冗余搜索的参数 P_{te}，其范围为 20 至 120，
另外两个用于控制复制操作、消亡和迁移操作的参数 P_{re} 和 P_{el} 在 5 和 P_{te} 之间。

（2）参数实验及其结果：如前所述，参数 P_{re} 的值越小，表示通过替换表现较
差的个体来更新种群的频率越高。参数 P_{el} 的值越小，表示通过增加随机性来更新
种群的频率越高。下文将对使用这三个控制参数的不同值获得的结果进行分析。
所有结果都是通过 30 次运行获得的。其中 Accu 表示平均分类准确率，Iter 表示
BAFS 使用的实际迭代时间。

表 5-2 显示了 BAFS 迭代的最大值、最小值、平均值和标准差，以及各种控
制参数实现的分类准确率（%）。如表 5-2 所示，终止参数 P_{te} 的值越大，分类准确
率越高，但在寻找最优解的过程中其计算成本也越高（即迭代次数越多）。在所考
虑的四种情况中，当终止参数 $P_{te} = 120$ 时，可以达到最高的分类准确率和平均分
类准确率，但是计算成本也是最高的。此外，较大的迭代次数并不能保证找到最
佳解决方案。尽管在参数 $P_{te} = 120$ 时分类准确率的平均值和最大值达到了最大，
但是搜索过程所消耗的计算成本也较高，是终止参数 $P_{te} = 40$ 时的两倍。实际上，
更高的分类准确率是以昂贵的计算成本为代价来实现的。

表 5-2 不同终止参数 P_{te} 的分类准确率

参数值	指标	最大值	最小值	平均值	标准差
$P_{te} = 20$	Accu	97.7800%	71.1100%	86.6598%	4.7054%
	Iter	42.6000	30.6000	36.1612	3.0192
$P_{te} = 40$	Accu	97.7800%	72.2200%	88.2306%	1.3857%
	Iter	76.7667	61.9333	68.3844	3.3058
$P_{te} = 80$	Accu	97.7800%	75.5600%	88.8343%	2.4382%
	Iter	170.8000	95.2000	125.5906	17.4291
$P_{te} = 120$	Accu	98.8900%	72.2200%	89.7919%	5.6077%
	Iter	242.8000	138.0000	175.3129	18.3019

优化方法的有效性不仅取决于终止参数 P_{te}，参数 P_{re} 和 P_{el} 在更新总体方面也
起着至关重要的作用。例如，复制、消亡-迁移等策略可以提高种群质量，因此可
以采用这两个参数（P_{re} 和 P_{el}）来控制复制、消亡和迁移的频率。分类准确率超过

95%的以粗体突出显示。表 5-3 表明，当两个参数分别为 $P_{re} = 18$ 和 $P_{el} = 13$ 时，BAFS 可以选择合理数量的特征子集，以比较小的特征子集数（不超过 40 个特征子集数）达到 97.78%的平均分类准确率。然而，较小的消亡和迁移参数 P_{el}（$P_{el} < 10$）似乎改善搜索的能力较小。当参数 P_{el} 增加到大约 15 且参数 P_{re} 增加到大约 10 时，平均分类准确率大部分能够达到或超过平均水平。

表 5-3　不同复制参数 P_{re} 的分类准确率

参数值	指标	$P_{el} = 3$	$P_{el} = 5$	$P_{el} = 8$	$P_{el} = 10$	$P_{el} = 13$	$P_{el} = 15$	$P_{el} = 18$
$P_{re} = 3$	Accu	91.11%	92.22%	88.89%	87.22%	80.00%	94.44%	83.33%
	Iter	34.30	34.30	41.8	34.5	35.1	34.3	37.1
$P_{re} = 5$	Accu	91.67%	81.11%	88.89%	85.00%	77.78%	87.78%	91.11%
	Iter	42.6	40.0	39.3	38.5	37.5	34.3	39.4
$P_{re} = 8$	Accu	88.89%	81.67%	90.00%	88.78%	93.33%	85.00%	71.11%
	Iter	34.2	33.7	31.2	37.9	37.1	39.4	33.7
$P_{re} = 10$	Accu	92.56%	94.44%	87.22%	93.33%	94.44%	**96.33%**	87.22%
	Iter	33.2	31.1	35.6	31.7	33.4	36.8	38.8
$P_{re} = 13$	Accu	75.56%	91.11%	88.89%	92.22%	92.22%	90.00%	94.44%
	Iter	37.1	31.2	32.0	35.7	36.5	33.4	38.8
$P_{re} = 15$	Accu	88.89%	88.89%	84.44%	90.00%	91.67%	91.11%	95.78%
	Iter	37.1	34.0	33.6	38.1	37.1	36.3	41.8
$P_{re} = 18$	Accu	94.44%	92.22%	93.33%	92.22%	**97.78%**	94.44%	86.67%
	Iter	37.8	35.9	30.6	35.7	38.8	41.4	38.2

　　类似地，从表 5-4 至表 5-6 中，我们可以发现较小的参数 P_{re}、P_{el}（$P_{re} < 10$，$P_{el} < 10$）可能会导致特征选择的性能下降。尽管如此，参数 P_{el} 的值不能太大，当终止参数 P_{te} 为 80 和 120，参数 P_{el} 大于 65 时，准确率会降低（这在表 5-5 和表 5-6 中没有给出）。

表 5-4　平均分类准确率 $P_{te} = 40$

参数值	指标	$P_{el} = 5$	$P_{el} = 10$	$P_{el} = 15$	$P_{el} = 20$	$P_{el} = 25$	$P_{el} = 30$	$P_{el} = 35$
$P_{re} = 5$	Accu	81.11%	84.44%	77.78%	80.00%	92.22%	94.44%	86.67%
	Iter	69.67	63.83	72.47	65.40	67.23	65.23	61.93
$P_{re} = 10$	Accu	94.44%	82.22%	92.22%	90.00%	85.56%	91.11%	77.78%
	Iter	70.97	67.07	71.87	67.03	65.37	71.43	72.47
$P_{re} = 15$	Accu	87.78%	94.44%	90.00%	92.22%	91.11%	94.44%	83.33%
	Iter	72.60	66.63	70.20	66.67	67.10	65.53	70.03

续表

参数值	指标	$P_{el} = 5$	$P_{el} = 10$	$P_{el} = 15$	$P_{el} = 20$	$P_{el} = 25$	$P_{el} = 30$	$P_{el} = 35$
$P_{re} = 20$	Accu	72.22%	88.89%	82.22%	**95.56%**	93.33%	91.11%	81.11%
	Iter	63.93	62.53	74.73	63.93	64.67	66.80	68.97
$P_{re} = 25$	Accu	84.44%	90.00%	84.44%	**95.56%**	**97.78%**	87.78%	88.89%
	Iter	68.37	76.77	66.50	70.37	65.60	69.10	67.87
$P_{re} = 30$	Accu	91.11%	92.22%	92.22%	83.33%	88.89%	86.67%	78.89%
	Iter	68.47	68.87	65.63	67.80	67.20	69.53	74.37
$P_{re} = 35$	Accu	94.44%	82.22%	**97.78%**	**95.56%**	87.78%	94.44%	91.11%
	Iter	67.47	68.43	69.40	66.86	75.63	70.23	70.07

表 5-5　平均分类准确率 $P_{te} = 80$

参数值	指标	$P_{el} = 5$	$P_{el} = 15$	$P_{el} = 25$	$P_{el} = 35$	$P_{el} = 45$	$P_{el} = 55$	$P_{el} = 65$
$P_{re} = 5$	Accu	75.56%	93.33%	85.56%	83.33%	91.11%	94.44%	**97.78%**
	Iter	114.2	113.2	112.2	134.6	115.2	115.6	143.6
$P_{re} = 15$	Accu	85.56%	88.89%	80.00%	87.78%	93.33%	86.67%	**96.67%**
	Iter	130.6	127.4	118.2	107.4	112.2	132.6	121.8
$P_{re} = 25$	Accu	91.11%	88.89%	**95.56%**	88.89%	75.56%	81.11%	**95.56%**
	Iter	115.2	167.4	160.8	106.2	101.4	127.6	132.6
$P_{re} = 35$	Accu	82.22%	94.44%	85.56%	94.44%	87.78%	87.78%	86.67%
	Iter	113.6	154.8	124.0	162.0	148.2	116.8	127.8
$P_{re} = 45$	Accu	87.78%	90.00%	94.44%	**95.56%**	90.00%	90.00%	93.33%
	Iter	115.0	120.0	107.6	123.0	104.8	106.0	117.6
$P_{re} = 55$	Accu	88.89%	91.11%	**95.56%**	85.56%	93.33%	83.33%	90.00%
	Iter	132.4	123.4	124.4	105.8	121.6	124.8	114.4
$P_{re} = 65$	Accu	88.89%	93.33%	91.11%	83.33%	84.44%	88.89%	78.89%
	Iter	134.0	170.8	119.2	152.2	104.6	105.4	129.8
$P_{re} = 75$	Accu	87.78%	**95.56%**	88.89%	94.44%	85.56%	86.67%	86.67%
	Iter	144.2	120.4	148.4	117.2	167.2	151.4	145.0

表 5-6　平均分类准确率和迭代次数 $P_{te} = 120$

参数值	指标	$P_{el} = 5$	$P_{el} = 15$	$P_{el} = 25$	$P_{el} = 35$	$P_{el} = 45$	$P_{el} = 55$	$P_{el} = 65$
$P_{re} = 5$	Accu	92.22%	92.22%	94.44%	92.22%	91.11%	82.22	88.89%
	Iter	221.0	177.4	176.6	162.4	184.6	157.2	139.6
$P_{re} = 15$	Accu	88.89%	84.44%	87.78%	86.67%	86.67%	84.44	88.89%
	Iter	145.4	164.8	194.8	204.6	184.0	183.4	159.4
$P_{re} = 25$	Accu	**96.67%**	88.89%	**97.78%**	81.11%	**95.56%**	93.33	**97.78%**
	Iter	202.6	169.8	156.6	212.2	161.0	176.2	172.4

续表

参数值	指标	$P_{el} = 5$	$P_{el} = 15$	$P_{el} = 25$	$P_{el} = 35$	$P_{el} = 45$	$P_{el} = 55$	$P_{el} = 65$
$P_{re} = 35$	Accu	94.44%	88.89%	88.89%	94.44%	88.89%	90.00	87.78%
	Iter	191.4	149.0	145.8	154.4	189.4	160.4	166.0
$P_{re} = 45$	Accu	86.67%	82.22%	77.78%	**96.67%**	86.67%	91.11	88.89%
	Iter	186.2	207.8	174.8	177.8	182.8	166.4	185.2
$P_{re} = 55$	Accu	83.33%	**95.56%**	88.89%	84.44%	**96.67%**	84.44	90.00%
	Iter	197.8	156.0	186.4	180.4	166.4	138.0	212.4
$P_{re} = 65$	Accu	91.11%	83.33%	92.22%	**98.89%**	92.22%	90.00	91.11%
	Iter	200.8	202.4	161.0	183.6	191.6	176.2	150.4
$P_{re} = 75$	Accu	87.78%	87.78%	84.44%	**97.78%**	90.00%	86.67	86.67%
	Iter	193.4	198.6	151.8	170.6	184.2	172.2	162.2
$P_{re} = 95$	Accu	91.11%	81.11%	90.00%	92.22%	**95.56%**	95.56	92.22%
	Iter	161.0	172.0	168.2	159.0	167.2	148.8	189.2
$P_{re} = 105$	Accu	**97.78%**	**95.56%**	92.22%	**96.67%**	92.22%	87.78	**96.67%**
	Iter	188.8	152.8	172.2	179.0	164.0	193.0	182.2

因此，BAFS 进行优化的迭代次数设置得不必太大。即使预设的最大迭代次数过大，也可以使用终止参数 P_{te} 避免冗余搜索。参数 P_{te} 设置为 40 是比较合适的，采用大于 20 且小于 P_{te} 的复制操作控制参数 P_{re}，并用大于 15 但小于 65 的消亡和迁移操作控制参数 P_{el}。

（3）对比实验：为了检验提出的新型特征选择算法 BAFS 的有效性，本章应用了几种典型的基于菌群优化的特征选择算法在经典的标准数据集上做测试。对比算法包括 BFO[6]、BFO-LDC[4]、BFO-NDC[4] 及 BCO[7] 四个算法。选用如表 5-7 所示的标准数据集进行测试。

表 5-7 标准数据集（单位：个）

数据集	特征数	类别	样本数
Colon	2 000	2	62
11_Tumors	12 533	11	174
14_Tumors	15 009	26	308
Brain_Tumor1	5 920	5	90
Brain_Tumor2	10 367	4	50
SRBCT	2 309	4	83
Leukemia1	5 328	3	72

数据集	特征数	类别	样本数
Leukemia2	11 225	3	72
Prostate_Tumor	10 509	2	102
DLBCL	5 470	2	77

所有特征选择算法中的种群大小均定义为 NP = 50。BCO 算法和 BAFS 的迭代次数为 200。其余三种基于菌群的算法，其参数定义为：趋化迭代次数 $N_c = 50$，复制迭代次数 $N_{re} = 5$，消亡和迁移次数 $N_{ed} = 2$。BFO-LDC 算法和 BFO-NDC 算法中趋化步长策略的参数为：$C_{min} = 1$ 和 $C_{max} = 5$。根据对 BAFS 中三个随机性控制参数的实验，将它们的定义为：$P_{te} = 40$，$P_{re} = 25$，$P_{el} = 20$。对于每个数据集，将实例随机分为两组：训练集 70% 和测试集 30%。所有优化方法的适应值函数均设置为应用 KNN 算法（$K = 5$）分类器时所取得的分类错误率。对于数据集 Colon，预定义的特征数不能超过 10，对于其余的高维数据集，特征数不能超过 50，实验结果如图 5-4 所示。

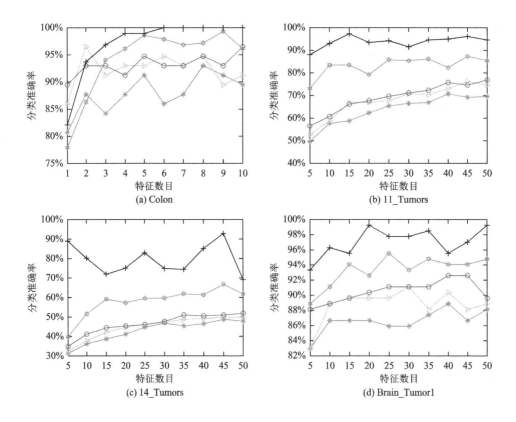

(a) Colon

(b) 11_Tumors

(c) 14_Tumors

(d) Brain_Tumor1

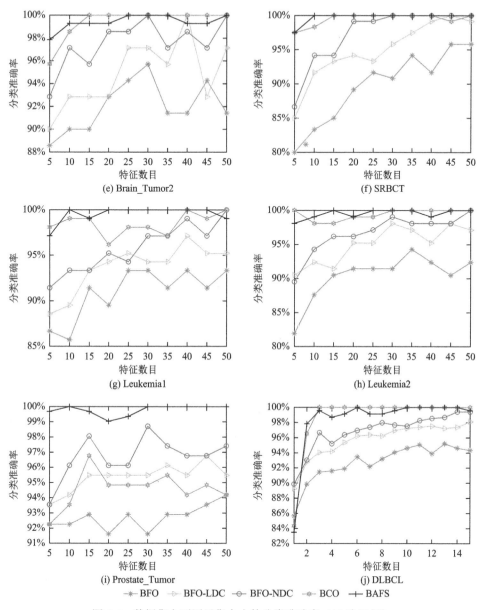

图 5-4　数据集上不同子集大小的分类准确率（30 次运行）

图 5-4 展示了 30 次独立运行的分类准确率，每个数据集因被选择的特征子集数目不同而具有不同的分类准确率表现。实验结果表明，BAFS 优于其他所有基于菌群的算法，并且 BCO 算法的性能优于 BFO、BFO-LDC 和 BFO-NDC 算法。同时，在某些情况下，如数据集 SRBCT、Leukemia 2 和 DLBCL，BFO-NDC 算法得到的效果略微优于 BFO-LDC 算法。尽管对 BFO 趋化性步长策略的改进提高了

原始 BFO 算法的有效性，但与基于趋化性策略的算法（即 BFO-LDC 和 BFO-NDC 算法）相比，BCO 算法的交换策略的提升效果更加明显。

在所有基于菌群的算法中，BFO、BFO-LDC 和 BFO-NDC 算法迭代次数最大。BCO 算法用于搜索的迭代次数为 200，BAFS 的迭代次数最小。因此，BAFS 消耗的计算成本甚至比 BCO 算法还要小，而 BFO 算法和基于 BFO 的算法会花费较大的计算成本来获得最优解。图 5-5 显示，BAFS 和 BCO 算法花费的计算时间更少，而 BFO、BFO-LDC、BFO-NDC 算法要消耗两倍以上的计算时间来获得最优解。

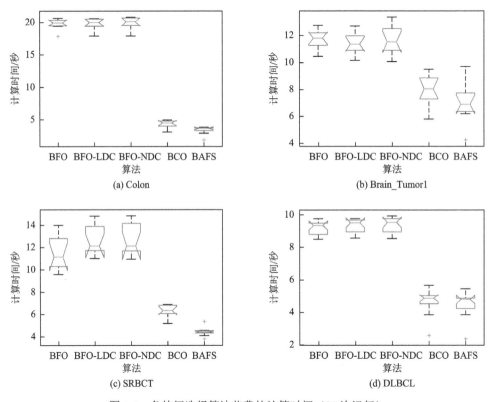

图 5-5　各特征选择算法花费的计算时间（30 次运行）

尽管在 BCO 算法中采用了随机机制，但是嵌入 BCO 算法中的随机性只能通过翻转操作来实现。在本书提出的 BAFS 中，随机性不仅表现在翻转策略中，而且还在消亡和迁移过程中体现。如图 5-5 所示，在大多数情况下，BAFS 的表现显然要优于 BCO 算法，且计算成本较低。

5.3　基于多维度种群的特征选择算法

针对高维多类别的特征选择优化对特征组合多样性的需求，本节将提出基于细菌个体位置向量的增强学习策略，通过维度间的增强学习对变量间的相关性进行分析和评估，在提高搜索效率的同时减少冗余的操作算子。图 5-6 给出了基于多维度种群的菌群优化（bacterial colony optimization with multi-dimensional population，BCO-MDP）算法[8]的总体框架。

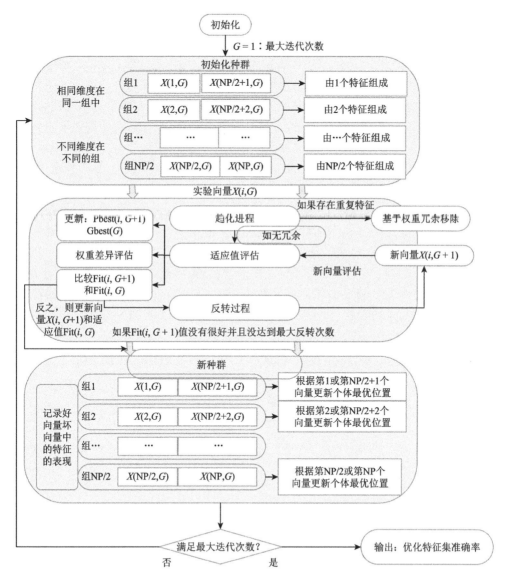

图 5-6　BCO-MDP 算法的总体框架

5.3.1 多维度种群机制

在 BCO-MDP 算法中，菌群被分为多个"部落"，构建了类似部落的多种群结构。首先，根据特征组合的动态性和不确定性构建维度差异化的种群集；其次，将选择的特征子集的个数融入部落个体的变量维度中。种群搜索中同时优化分类准确率和所选子集数目。

作为种群算法的一部分，BCO 搜索是针对大量细菌进行的。最初，每组仅由一个或两个细菌组成，根据每个细菌的表现增加或移除相关细菌，进而使得每个群体都具有适应能力。在 BCO 算法中，每种细菌代表一个具有特定搜索维数的解，而优化搜索的范围被限制在特定的维度内。通过重复运行，极大地增强了对具有相同数量特征的子集的收敛。为了加快收敛速度并提高探索能力，BCO-MDP 算法将多个具有相同维数搜索空间的细菌分在同一个部落中。因此，BCO-MDP 算法包含多个不同搜索维数的部落。

与其他大多数群体智能优化算法一样，BCO-MDP 算法的初始种群也是从约束空间中随机生成的。初始种群是多维投影且被分为多个部落，假定初始种群的位置 X 是一个具有 AF 行（最大可选择特征数量）和 NP 列（种群数量）的向量。X 可用式（5-12）表示。假设第 i 个向量 $X(i)$ 属于第 s 个部落，$i = 1, 2, \cdots, \mathrm{NP}$，$s = 1, 2, \cdots, N$。尽管向量 $X(i)$ 的实际维数为 AF，但只有前 s 个元素应用于特征集的分类评估，其余的 $(\mathrm{AF} - s)$ 个元素被分配了零值。种群数量是动态调整的，如果将部落的容量定义为 k，则种群大小为 $\mathrm{NF} = k \times \mathrm{AF}$。

$$X = [X(1), X(2), \cdots, X(\mathrm{NP}/2), X(\mathrm{NP}/2+1), \cdots, X(\mathrm{NP}-1), X(\mathrm{NP})]$$

$$= \begin{bmatrix} 111111, \cdots, 1, 1, \cdots, 111111 \\ 011111, \cdots, 1, 1, \cdots, 111110 \\ 001111, \cdots, 1, 1, \cdots, 111100 \\ 000111, \cdots, 1, 1, \cdots, 111000 \\ 000011, \cdots, 1, 1, \cdots, 110000 \\ 000001, \cdots, 1, 1, \cdots, 100000 \\ 000000, \cdots, 1, 1, \cdots, 000000 \\ \cdots\cdots \end{bmatrix} \quad （5\text{-}12）$$

5.3.2 适应性策略

在重复执行算法时，趋化和翻转操作会生成新的特征集。趋化过程由给定的最佳位置导向（即两种细菌的最佳位置）决定。当趋化操作在特定迭代中无效时进行翻转操作。趋化和翻转操作的实现如下。

（1）在趋化过程中，当前位置由部落的先前最佳位置和随机生成的参数确定。如果 $P > P_c$，则

$$X_{i,G}^j = X_{i,G-1}^{j-1} + R_1 \times (\text{Pbest}_T^j - X_{i,G-1}^j) + R_2 \times (\text{Gbest}^j - X_{i,G-1}^j) \tag{5-13}$$

否则，

$$X_{i,G}^j = \text{rand}(1, \text{NF}) \tag{5-14}$$

（2）在细菌翻转过程中，进一步采用完全随机性来增强多样性并弥补趋化操作的不足：

$$X_{i,G}^j = \text{rand}(1, \text{NF}) \tag{5-15}$$

其中，$X_{i,G}^j$ 为第 G 代向量 $X(i)$ 的第 j 维；Pbest_T^j 为第 T 部落中第 j 维的最优解；而 Gbest 为整个种群的最优解；参数 R_1 和 R_2 用于控制趋化步长，它们是从集合 {0,1} 中随机选择的。

为了产生用于适合度评估的有效特征集，需要去除向量中的重复特征。在 BCO-MDP 算法中，记录了特征在表现良好的向量和表现不好的向量中的性能表现，性能表现较好的特征将被赋予更高的优先权用以替代向量中的重复特征。与文献[1]和文献[9]中的策略一样，表现为"良好"的向量中使用的特征被视为候选特征，而表现为"不良"的向量中的特征则不被视为候选特征。在这里，"良好"表示适应值高于总体平均水平，而"不良"表示适应值低于总体的平均水平。权重向量 W 用于记录特征的性能，其更新如下：

$$W = \left[\frac{\text{PF}_{f_1}}{\text{PF}_{f_1} + \text{NF}_{f_1}}, \frac{\text{PF}_{f_2}}{\text{PF}_{f_2} + \text{NF}_{f_2}}, \cdots, \frac{\text{PF}_{f_{\text{NF}}}}{\text{PF}_{f_{\text{NF}}} + \text{NF}_{f_{\text{NF}}}} \right] \tag{5-16}$$

$$\text{PF}_{f_i} = \frac{\sum_{i=1}^{\text{Pop}} H_i}{\text{Pop}}, \quad \text{NF}_{f_i} = \frac{\sum_{i=1}^{\text{Pop}} S_i}{\text{Pop}} \tag{5-17}$$

$$H_i = \begin{cases} 1, & \text{Fit}_i < \text{Avg(Fit)} \\ 0, & \text{Fit}_i \geq \text{Avg(Fit)} \end{cases}, \quad S_i = \begin{cases} 1, & \text{Fit}_i \geq \text{Avg(Fit)} \\ 0, & \text{Fit}_i < \text{Avg(Fit)} \end{cases} \tag{5-18}$$

其中，$i = 1,2,\cdots,\text{Pop}$；$\text{PF}_{f_i}$ 为使用的特征 f_i 出现在"良好"向量中的次数；NF_{f_i} 为其出现在"不良"向量中的次数；Pop 为总体数量；Avg(Fit) 为总体适应值的平均值。假定适应值越小，表示特征子集的性能越好。因此，如果第 i 个特征子集的表现性能优于总体的平均性能，则 $H_i = 1$。

在替换重复特征时，权重向量 W 中具有较大值的特征具有较高的优先级。具体来说，随着向量 W 中值的下降，特征排序为 $S_w = \{f_{w1}, f_{w2}, \cdots, f_{wNF}\}$，并且在替换操作中，放置在先前位置的特征具有更高的优先级。重复特征处理可确保来自部落

的向量表现出平稳的维数，从而克服基于二进制的相关算法收敛性不足的问题。重复特征处理的具体过程如下。

重复特征处理

假定向量 $X_{i,G}$ 中重复特征数为 $N(N>1)$，即 $X_{i,G}=\{f_1,f_2,\cdots,f_s,f_{r1},\cdots,f_{rN}\}$，其中 $f_{r1},\cdots,f_{rN}$ 为重复特征

根据权重向量 W，所有特征以降序的顺序排列 $S_w=\{f_{w1},f_{w2},\cdots,f_{wNF}\}$

For 遍历 1 到 N

    If f_{wt} 不在 $X_{i,G}$ 中使用

        S_w 中的 f_{wt} 被用来替换 f_{rj}

    End If

End For

// 移除重复特征

5.3.3 适应值评估与特征选择算法

特征子集的有效性由分类器的分类效果评估，如 KNN 算法和 SVM。适应值函数（即错误率）根据分类结果定义如下：

$$Fit = FG / (TG + FG) \tag{5-19}$$

其中，TG 和 FG 分别为正确分类和错误分类的测试样本数。

BCO-MDP 特征选择算法的伪代码如下。

伪代码 4：BCO-MDP 特征选择算法的伪代码

输入：训练集和测试集（Tr 和 Te），最大可选择的特征数 D，最大迭代次数

初始化参数：$iter = 0$，$success = 0$，初始化多维度种群

优化搜索过程：

While 迭代次数 $iter < Max\_iteration \ \& \ success = 0$

    更新迭代次数 $iter = iter + 1$

    记录 pbest

    游动操作

    重复特征处理

    计算适应值 f

    //与上一次迭代的适应值 Fit 对比

    If $Fit = 0$ // $Fit = 0$，所有测试样本被正确分类

success = 1　　　// 优化过程结束

　　End If

　　If　Fit < f（目标函数是最小化问题）

　　翻转操作，调整细菌搜索方向

　　End If

　　调整权重向量 W

End While

输出：分类准确率及其相应选中的特征向量

5.4　基于多目标的菌群优化特征选择算法

　　虽然特征权重或参数控制逼近最优解在特征选择中最为常用，但特征数据的多类别和高维度导致获得的特征子集只能实现局部最优，很难从全局获得最优特征组合，且优化过程中大多需要事先给定最优特征组合中特征的个数，而现实中最优特征组合中的特征个数是未知的。从维度和多目标角度出发，本节将提出具有差异化维度增强学习和多目标并行搜索策略的菌群特征选择算法，通过增强特征组合的学习，解决最优特征组合中特征个数未知的问题。

　　本节将介绍一种基于改进的自适应菌群优化算法的多目标自适应趋化菌群优化（multi-objective adapting chemotaxis bacterial foraging optimization，MO-ACBFO）算法，以实现多目标特征选择。MO-ACBFO 算法针对准确率高、特征子集小两个目标进行优化。为获得最优化的目标值，算法的改进主要集中在设立外部档案、趋化步长改进、特征子集更新及嵌套结构优化四个部分。图 5-7 是 MO-ACBFO 算法的总体框架。

5.4.1　映射机制

　　为使算法能够求解多目标问题，MO-ACBFO 算法特别设立了映射机制。此处的映射是指每个细菌包含的属性，具体来说，每个细菌被赋予三个属性，即被选择的特征、对应的分类错误率值和特征子集的大小。式（5-20）展示了每个细菌第一个属性的编码：被选特征。当矩阵 Fe_i 中的元素为 0 时，表示该特征没有被选中；反之，表示第 x_{i1} 个特征被选中。式（5-21）表示整个种群所选的特征的编码。在 MO-ACBFO 算法中输入所选特征，可以计算出适应值，并得出每个细菌的分类错误率。建立矩阵 $\mathrm{fitness}_1^i$ 来存储分类错误率的值。然后，被选择的特征的数量被计数并存储在另一个矩阵 $\mathrm{fitness}_2^i$ 中。

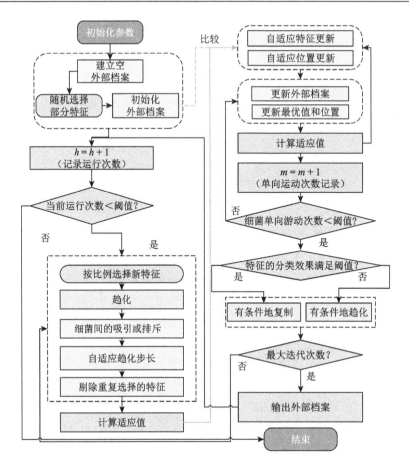

图 5-7　MO-ACBFO 算法的总体框架

$$\mathrm{Fe}_i = [x_{i1}, x_{i2}, x_{i3}, \cdots, x_{i\mathrm{numf}}], \quad i = 1, \cdots, \mathrm{sizep} \qquad （5\text{-}20）$$

$$\mathrm{SelectF} = [f_1', f_2', \cdots, f_{\mathrm{sizep}}'] \qquad （5\text{-}21）$$

$$B = \begin{bmatrix} \mathrm{SelectF} \\ \mathrm{fitness}_1^i \\ \mathrm{fitness}_2^i \end{bmatrix}, \quad i = 1, \cdots, \mathrm{sizep} \qquad （5\text{-}22）$$

其中，numf 和 sizep 分别为特征个数和细菌种群大小。

5.4.2　外部档案

我们将在优化过程中获得的非支配解保存到外部档案。但是，随着非支配解的增加，外部档案的扩展会减慢算法的收敛速度，因此我们必须限制外部档案的大小。如果当前种群中所有的细菌自适应更新均已完成，则非支配机制将首先在种群内进行。然后对非支配解进行排序，并选择携带非支配解排名最高的细菌，同时去除具有重复值的细菌。紧接着，将选出的细菌个体与初始外部档案中的精英个体进行比较。比较后，通过去除适应值较差的细菌来更新外部档案。

5.4.3　自适应趋化策略

在基础菌群优化中，细菌趋化步长的变化是静态的，但在现实中细菌的移动并不固定，且在算法中固定的步长会使搜索范围不够全面。此外，固定的步长使得细菌容易陷入同一个搜索区域，不利于种群的多样性发展。因此，MO-ACBFO 算法采用了一种自适应趋化策略[式（5-23）、式（5-24）]。

$$\varepsilon = |(1-(i \div \text{sizep})) \times (\text{Che}_{\text{start}} - \text{Che}_{\text{end}}) + \text{Che}_{\text{end}}| \qquad (5\text{-}23)$$

$$\text{Che}_{\text{step}} = |\text{Jhealth}(i,j)| / (|\text{Jhealth}(i,j)| + \varepsilon) \qquad (5\text{-}24)$$

这意味着每个细菌 i 都有不同的趋化步长，其中 $\text{Che}_{\text{start}}$、$\text{Che}_{\text{end}}$ 为趋化步长的上下界；ε 为控制趋化步长 Che_{step} 大小的参数；Jhealth 为细菌所处环境的营养浓度（本应用中指的是算法的分类错误率）。

在觅食过程中，每个单位都需要向其他单位学习，以提高找到营养丰富的地点的概率，MO-ACBFO 算法沿用了 PSO 算法中的学习方式，见式（5-25）。

$$\text{Che} = \text{Che}_{\text{step}} + q_1 U_1 (\text{PB}_i - P_i) + q_2 U_2 (B - P_i) \qquad (5\text{-}25)$$

其中，Che 为细菌的步长分配；q_1、q_2 为学习因子；U_1、U_2 为权重，均根据实际问题自定义；PB_i 为个体最优位置；B 为全局最优位置；P_i 为当前的位置。

5.4.4　特征子集更新策略

在处理高维数据时，去除无效特征、冗余特征有利于分类器取得更好的分类效果、节约计算消耗的资源。基于 BFO 算法的位置更新公式为

$$\text{Pos}(i,j+1) = \text{Pos}(i,j) + C(i)\Delta(i) / \left(\sqrt{\Delta^{\text{T}}(i)\Delta(i)}\right) \qquad (5\text{-}26)$$

位置更新后，由评价机制来决定是否需要更新特征子集。评估值实际是分类器的分类错误率和所选特征的数量。其中分类器的表达式为

$$J(i,j) = \text{Classifier}_{\text{KNN}}(\text{Pos}(i,j+1)) \qquad (5\text{-}27)$$

特征子集更新策略的伪代码如下。

伪代码 5：特征子集更新策略的伪代码

细菌趋化期间

利用式（5-26）更新位置

利用式（5-27）计算细菌所处位置的营养物质浓度

If　　当前浓度＜个体最优解

　　　　　个体最优解＝当前浓度 (细菌的适应值)

End If

细菌间的吸引：根据原始 BFO 算法的吸引机制运行

记录每次适应值的结果

If 适应值＞0.6

　删除表现差的特征并重新组成新的特征子集集合

If 表现差的特征组合数量＞0

删除表现差的组合，重新产生新的组合

End If

End If

5.4.5　菌群行为结构优化策略

　　传统菌群优化的三层嵌套结构在处理低维数据的时候可以取得较好的表现，但在面对高维特征时，多重嵌套结构反而成了数据处理的障碍，影响计算的速度。因此 MO-ACBFO 算法在嵌套结构上做了优化。具体的优化思路为：在特征组合更新后，不直接进入翻转、复制或驱散环节。取而代之的是有条件的执行，即：在菌群游动期间，如果分类器的训练性能较差（如训练结果导致错误率高于阈值），则开始消散迁移，重新调整细菌的数量。否则，对细菌种群中较优的前百分之五十的个体进行复制繁衍操作。菌群行为结构优化策略的伪代码如下。

伪代码 6：菌群行为结构优化策略的伪代码

在细菌自适应操作及外部档案更新完毕后

If 细菌单向游动次数 m＜阈值

$m = m + 1$；更新当前位置的外部档案

　　If 适应值＞0.6

　　　　更新搜索位置＝随机生成新的特征子集（消散迁移）

　　Else

　　　　复制细菌的精英后代（搜索能力强的前百分之五十的细菌）

　　End If

End If

　　图 5-8 展示了算法的部分优化结果，其中横坐标为所选特征子集的大小，纵坐标为分类错误率。MO-ACBFO 算法与多目标菌群启发特征选择（multi-objective bacteria-inspired feature selection，MOBIFS）[10]、线性惯性权重下的多目标细菌觅食优化（multi-objective bacteria foraging optimization with line interia weight，MOBFOLIW）、多目标基础菌群优化（multi-objective bacterial foraging optimization，MOBFO）及多目标二进制粒子群优化（multi-objective binary particle swarm optimization，MOBPSO）算法[11]进行比较。对比的数据集为 Brain_Tumor1、Brain_Tumor2、Leukemia1、Leukemia2。这些数据集的特征数量均在 5000 +～10 000 +。根据优化对比实验可以看出，在同样的参数设置下，MO-ACBFO 算法在特征子集最小且分类错误率最小的多目标优化对比实验中效果最佳。

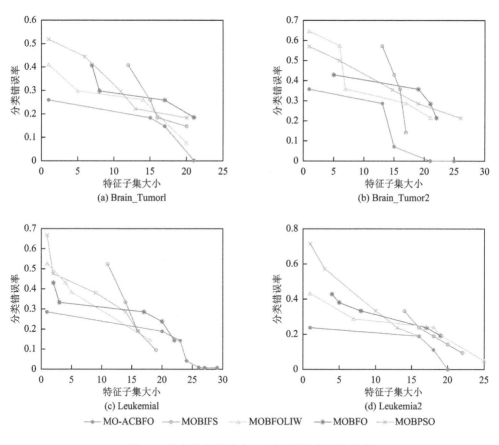

图 5-8　特征选择算法在 30 次运算中的平均结果

5.5　本章小结

鉴于基于细菌优化的特征选择算法在连续问题中所展现出的良好的优化搜索

能力，本章详细阐述了基于特征权重、参数改进、多维度种群的三种适用于特征选择问题的改进策略，并介绍了多目标任务视角的菌群优化特征选择算法。首先，为了验证新型特征选择策略的有效性，本章展示了三种基于改进策略的菌群特征选择算法在标准数据集上与其他算法的对比实验。实验结果表明本章展示的菌群特征选择算法可以达到较好的分类效果，且优于其他对比算法。在选择相对较少的特征的前提下仍能实现较高的分类准确率，所需要的计算成本也相对较少，这表明基于特征权重、参数改进、多维度种群的改进策略有良好的效用。其次，在多目标优化的角度上，将多目标与改进的菌群优化做了结合，在同时满足最小化特征选择的子集及最小化错误率两个目标的条件下，基于多目标的菌群优化特征选择算法的表现优于其他算法。

就目前的文献资料看来，将菌群优化算法应用于特征选择的工作仍为少数，本章展示的三种改进策略及从多目标任务出发的菌群优化算法，说明了利用菌群优化算法解决特征选择问题是可行且方法多样的。其中，多目标菌群优化算法的改进策略及应用方面仍然具有很大的研究空间。

参 考 文 献

[1] Khushaba R N，Al-Ani A，Al-Jumaily A. Feature subset selection using differential evolution and a statistical repair mechanism. Expert Systems with Applications，2011，38（9）：11515-11526.

[2] Yang C H，Chuang L Y，Yang C H. IG-GA: a hybrid filter/wrapper method for feature selection of microarray data. Journal of Medical and Biological Engineering，2010，30：23-28.

[3] Chuang L Y，Chang H W，Tu C J，et al. Improved binary PSO for feature selection using gene expression data. Computational Biology and Chemistry，2008，32（1）：29-38.

[4] Niu B，Fan Y，Wang H，et al. Novel bacterial foraging optimization with time-varying chemotaxis step. International Journal of Artificial Intelligence，2011，7（11A）：257-273.

[5] Haupt R L，Haupt S E. Practical Genetic Algorithms. 2nd ed. New York：John Wiley & Sons，Inc，2004.

[6] Passino K M. Biomimicry of bacterial foraging for distributed optimization and control. IEEE Control Systems Magazine，2002，22（3）：52-67.

[7] Wang H，Jing X J，Niu B. A weighted bacterial colony optimization for feature selection. International Conference on Intelligent Computing，2014.

[8] Wang H，Tan L J，Niu B. Feature selection for classification of microarray gene expression cancers using bacterial colony optimization with multi-dimensional population. Swarm and Evolutionary Computation，2019，48：172-181.

[9] Wang H，Jing X J，Niu B. A discrete bacterial algorithm for feature selection in classification of microarray gene expression cancer data. Knowledge-Based Systems，2017，126：8-19.

[10] Niu B，Yi W J，Tan L J，et al. A multi-objective feature selection method based on bacterial foraging optimization. Natural Computing，2021，20：63-76.

[11] El-Ela A A A，El-Sehiemy R A，El-Ayaat N K. Multi-objective binary particle swarm optimization algorithm for optimal distribution system reconfiguration. 21st International Middle East Power Systems Conference（MEPCON），2019.

第6章　新型菌群特征选择算法在客户关系管理中的应用

　　客户是企业获得发展的重要动力，只有准确发现客户价值并进行有效区分，才能有针对性地设计产品和制定销售策略，以建立良好的客户关系。因此，在客户关系的管理中，有效的客户分类对企业来说至关重要[1]。

　　近年来，得益于信息技术和互联网的飞速发展，零售市场线上线下加速融合成为大趋势。零售企业通过移动互联网、社交平台等积攒了各种类型的海量数据，如文本、图像、视频等，这为企业提高对客户的维护能力和认知水平带来了机遇。管理人员可以通过分析历史数据，挖掘客户的行为特点和规律，构建分类模型，针对客户群体实施差异化的营销策略[2-4]。以网络购物获得的商品评论数据为例，这类评论数据主要包含了文本、图像和视频，内容涉及商品的客观信息及基于客户意见和观点表达的情感信息等，商家可以通过构建多类别的情感分类模型去了解客户，对他们进行分类，进而向他们进行差异化的商品推荐[5]。

　　尽管如此，这类海量数据存在严重的特征冗余问题，需要消耗很长的时间构建复杂的分类模型。随着消费场景的日益多元和分散，客户需求越来越多样化，企业对客户的标记速度可能跟不上数据的增长速度，这使得企业无法及时对客户进行分类，从而导致企业制定的策略偏离正确方向。因此，这种高维、复杂的数据给客户分类带了新的挑战，亟须探索新的理论和方法去解决。作为数据挖掘技术的重要组成部分，特征选择是一种非常有效的解决方法，按照某种规则从原始特征变量集中选择一组关键特征子集，这样不仅能够避免维度灾难带来的训练样本过拟合的现象，提高分类器对新数据的泛化能力，降低计算复杂度，而且能够保障特征数据的解释性和知识的可译性[6]。

　　据此，本章将介绍新型菌群特征选择算法在复杂的企业客户分类和产品推荐问题中的应用，该应用可以在更多数据分析和样本分类问题中加以推广。

6.1　客户关系管理中的数据挖掘问题

　　客户关系管理（customer relationship management，CRM）的理论基础来源于西方的市场营销理论，由美国咨询公司 Gartner Group Inc 在 1999 年率先提出，客户关系管理以客户为核心，满足客户的需求，旨在改善企业和客户之间的关系，日渐成为企业营销策略的研究重点[7, 8]。随着产品与服务的丰富性和多样性的提高，企业积累了大量的客户消费数据，但是从大量的消费数据中挖掘其潜在价值却困难重重。如何从大数据中梳理用户的消费模式，挖掘出潜在的客户并实施个性化的推荐服务，以实现整合利益的最大化，成为一个极具挑战的经营管理战略问题[9, 10]。目前，针对客户[11]关系管理的数据挖掘问题，国内外学者在理论上和方法上都做了大量的研究，并取得了令人瞩目的成就。以下从传统特征选择算法、进化计算特征选择算法两个方面阐述其研究现状。

6.1.1　传统特征选择算法

作为机器学习中的经典问题，传统的特征选择算法已在前期得到了广泛的研究，按照其是否独立于分类器的学习划分为两类：滤波式特征选择算法和封装式特征选择算法[12]。

滤波式特征选择算法采用特定的标准评估数据集，以增强各个特征属性和类别之间的相关性，减少特征属性内部的相关性。研究人员主要采用四个评估标准：距离测量、信息测量、相关性测量和一致性测量。距离测量使用距离作为样本之间相似度的度量。距离越小，样本越相似。基于距离测量的滤波式特征选择算法包括 Relief 算法[13]、分支定界法[14]、马哈拉诺比斯距离算法[15]及 Bhattacharyya 距离算法[16]等。基于距离测量的滤波式特征选择算法很容易计算，但是，它们倾向于选择多余的特征。为了减少特征子集之间的相关性，基于信息测量的滤波式特征选择算法使用信息增益或互信息来有效选择关键特征并消除不相关的特征。基于信息测量的方法包括信息增益[17]、最小冗余最大相关性（min-redundancy and max-relevance，mRMR）[18]、交互特征选择[19]、冗余完成-延迟分散[20]、互信息[21]等。近年来，如何开发一种有效的、基于信息测量的滤波式特征选择算法已成为研究的热点。但是，随着数据量的增加，该算法的运算效率会随着计算复杂度的增加而下降[22]。对于相关性度量和一致性度量，前者使用相关系数来判断特征和类之间的相关性以获得特征子集[23]；后者则致力于选择最佳的特征子集组合来实现对最佳的个体识别[24]。综上所述，滤波式特征选择算法的主要优点在于，省去了分类器的训练步骤，减少了计算时间，降低了计算复杂度，从而迅速消除了不相关的特征。然而，由于没有考虑特征之间的相关性，这种方法倾向于选择冗余特征。

不同于滤波式特征选择算法，封装式算法的特征选择过程需要分类器的参与，用来评估所选特征子集的性能。常见的封装式算法有顺序前向选择（sequential forward selection，SFS）和顺序后向选择（sequential backward selection，SBS）[25]。在封装式算法中，一旦添加或删除了功能，在整个过程中它将保持不变。因此，封装式算法很容易陷入局部最优，而只能获得近似最优解[26]。一般而言，与分类错误率较低且特征较少的滤波式特征选择算法相比，封装式特征选择算法可获得更有效的特征子集。但是，由于需要频繁地执行分类算法，因此其特征子集的生成效率较低。有必要设计一种算法来提高封装式算法的效率。为了实现降维的目的，如何为特征选择问题开发高精度、高效率的封装式算法成为研究的热点[27]。

6.1.2　进化计算特征选择算法

近年来，关于使用进化算法解决特征选择问题的文献越来越多。这类算法将特征选择构造到以分类准确率或分类错误率为目标函数的优化问题中，相应的优化解决方案就是选定的特征子集。Hsu[28]采用决策树方法选择特征，并进一步采用遗传算法寻找能够使分类错误率达到最低的特征子集。同样，Chiang 和 Pell[29]也将遗传算法引入特征选择过程。研究人员还使用 ACO 算法来选择最合适的特征子集。例如，Kashef 和 Nezamabadi-Pour[30]修改了原始的 ACO 算法，并将改进的算法应用于特征选择问题的求解。在该算法中，将特征视为图节点，并采用 ACO 算法选择节点。在 UCI 数据集上进行的一些模拟实验证明了该算法的有效性。

但是，对于高维特征选择问题，此类进化算法需要大量的计算时间才能评估完所有可能的特征子集的组合效果。因此，在高维特征选择问题中，这种依赖于评估所有特征子集的组合效果的特征选择算法是不可行的。为了解决这个问题，Wang 和 Yan[31]提出了一种基于 PSO 的算法，该算法将特征视为优化变量，根据分类性能设置特征子集的权重，并选择具有最佳分类性能的特征组合。此外，Xue 等[32]讨论并比较了不同初始化策略对特征选择的影响，得出的结论是，在 PSO 算法中同时采用 SFS 和 SBS 可以降低计算复杂度并获得更好的结果。

实际上，这些基于随机搜索策略的算法，包括随机生成序列选择（random generation plus sequential selection，RGSS）算法[33]、模拟退火（simulated annealing，SA）算法[34]、遗传算法[35]和许多其他技术是最常用的技术。大多数基于进化算法的特征选择算法都属于封装式算法。封装式算法的基本思想是先使用优化算法选择特征子集，然后再使用诸如 KNN 算法的分类器评估其功能。基于进化算法的方法的主要优势在于，这类方法始终具有较少的控制参数和强大的鲁棒性。

6.2　基于权重策略的菌群特征选择算法在客户分类中的应用

基于权重策略的菌群特征选择算法在第 5 章已经进行了详细介绍，本节在该算法的基础上引入了自适应属性学习策略来处理向量中的重复特征。该算法采用了文献[36]中的随机控制机制。接下来，本节将详细说明这种自适应属性学习策略的主要原理。

6.2.1　自适应属性学习策略

本小节将介绍两种自适应属性学习策略，通过对特征属性的深入学习来提高特征选择的效率，最终提高分类的性能。具体而言，在"基于出现频率和贡献度评估的特征学习策略"中，特征在种群中重复出现的次数，以及在参与优化过程中的贡献度都将被记录下来，对重复出现次数较少的特征和表现优秀的特征将给予更高的优先级以提高其再次被选择的概率。"轮盘赌加权机制"主要根据特征个体在整体中的表现（即贡献度）进行排名，对排名高的特征给予更高的选择优先级[37]。接下来，将详细介绍这两种策略。

1. 基于出现频率和贡献度评估的特征学习策略

考虑到随机搜索策略在解决特征选择问题时表现出的不稳定性和弱收敛性的问题，提出了基于出现频率和贡献度评估的特征学习策略来提高特征子集选择的效率。如图 6-1 所示，具体来说，根据特征的出现频率和对特定矢量的贡献来区分特征[38]，通过调整具有重复特征的子集来实现基于特征属性的自适应学习策略。

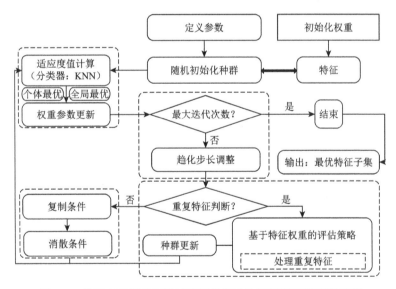

图 6-1　基于出现频率和贡献度评估策略的特征学习策略的框架

W_1 矩阵用于记录要素的外观，$W(i,m)$ 元素指第 i 个特征在第 m 个向量（由载体表示）中出现的频率，使用元素值 0 对其进行初始化。在填充初始化之后，将分配有所选特征的权重值设置为 S。如果在第 m 个向量中增加第 i 个特征后该子集的分类性能提高了，则对应的元素将在矩阵 W_1 中通过优化过程进行更新：

$$W_1(i,m) = W(i,m) + S - \frac{\max_i\{W(i,m)\} - \min_i\{W(i,m)\}}{H} \qquad (6\text{-}1)$$

但是，如果在第 m 个向量中删除第 i 个特征后该子集的分类性能提高了，则矩阵 W_1 中的元素将更新为

$$W_1(i,m) = W(i,m) + S + \frac{\max_i\{W(i,m)\} - \min_i\{W(i,m)\}}{H} \qquad (6\text{-}2)$$

其中，H 为要素数量。$W(i,m)$ 的值越大，第 m 个细菌中重复出现第 i 个特征的可能性就越小。矩阵 W_1 中某个特征的值越大，表示该特征被替换为向量中冗余特征的候选者的机会就越小。S 常量参数的定义为大于 $\left(\dfrac{\max_i\{W(i,m)\} - \min_i\{W(i,m)\}}{H} \right)$。

2. 轮盘赌加权机制

轮盘赌加权机制是在文献[36]中提出的，根据种群中特征的出现频率及其对整个特征子集的贡献，对特征进行排名。权重向量 W_2 中的第 i 个特征在迭代过程中更新如下：

$$W_2(i) = T \times \frac{\mathrm{GS}_i}{\mathrm{GS}_i + \mathrm{PS}_i} + \frac{H - D}{H} \times \left(1 - \frac{\mathrm{GS}_i + \mathrm{PS}_i}{\max\{\mathrm{GS}_i + \mathrm{PS}_i\}} \right) \qquad (6\text{-}3)$$

其中，T 为一个正常数；GS_i 为第 i 个特征出现在性能良好（超过平均水平）的子集中的频率；PS_i 为该特征出现在性能较差（未达到平均水平）的子集中的频率；H 为要素总数；D 为预期要选择的要素数量。

6.2.2　重复特征处理方法

该研究中，特征子集的性能、特征对子集的贡献及特征在种群中出现的频率均得以考虑，以提高分类质量[39]。

（1）外部档案。用于记录特征子集的性能表现。特征子集的性能保存在外部档案中，对提高分类准确率有效的特征子集保存在外部档案中，并为其分配较大的性能指标。根据外部档案中保存的性能指标值，按照从大到小的顺序进行排序，即表现最好的特征排在最前面，并在特征选择优化过程中分配更高的优先级。

（2）权重矩阵。用于记录特定向量和组向量中的特征性能。它用于调整包含重复特征的向量。对于给定的载体（如第 i 个细菌的位置）$\mathrm{Posi}(:, i) = [f_1, \cdots, f_t, \cdots, f_t, \cdots, f_D]$，假定特征 f_t 重复出现。重复的特征应被其他特征取代，而不应重复出现在同一向量中。预定义参数 P_d 用于确定要使用的功能的优先级。调整策略的伪代码在伪代码 1 中提供。

伪代码 1：自适应特征学习策略以处理重复特征

输入：i^{th} 代细菌个体的当前位置 Posi(:, i)

如果 $P > P_d$

对 i^{th} 代细菌个体的相关权重 $W_1(:, i)$ 进行降序排列（采用式（6-1）或式（6-2）计算）

选择权重向量 $W_1(:, i)$ 中取值较大并且没有被重复记录位置 Posi(:, i)的特征，替代重复出现的特征 f_t

更新权重向量 $W_1(:, i)$ 和位置 Posi(:, i)

否则

对权重向量 W_2 的值进行排序，计算采用式（6-3）

选择 W_2 中值最大并且没有被当前位置 Posi(:, i)重复使用的特征，替代特征 f_t

更新权重向量 W_2 和位置 Posi(:, i)

结束

输出：更新 i^{th} 代细菌个体的位置 Posi(:, i)

6.2.3 基于权重调整策略的菌群特征选择算法

本节给出了基于权重调整策略的菌群特征选择算法的特征选择实现，具体如下（伪代码 2）。

伪代码 2：基于权重调整策略的菌群特征选择算法的特征选择实现

输入：把数据分为训练集和测试集，记为 Tr 和 Te；被选中的特征数目，记为 D

初始化：W_1，W_2，P_{el}，P_{re}，P_{te}，C，Max_iteration（最大迭代次数）

适应值函数：建立适应值函数//分类准确率

    计算全部细菌的适应值，定义当前的迭代次数为：Current_iteration = 0

优化过程：

If Current_iteration < Max_iteration

记录当前迭代次数 Current_iteration = Current_iteration + 1

获取个体最优位置 Pbest 和全局最有位置 Gbest

    For 对每一个细菌有：

    游动：调整细菌的位置

    获取适应值 f 并且与最初的适应值 Fit 进行比较

    If Fit < f（假设目标是求最小值）

     翻转：调整细菌的位置

    End If

    If 菌群里有重复的特征

    按照伪代码 1 的策略来进行特征调整

    End If

调整权重 W_1，采用式（6-1）～式（6-2）

End For

For 对全部细菌有：

调整权重 W_2，采用式（6-3），此外获取全局最优解 Gbest

　　If 如果全局最优解不变，如：Gbest^{iter} = Gbest^{iter-1}

　　记录次数：Record = Record + 1

　　else

　　记录次数：Record = 0

　　End If

　　If　Current_iteration＞Max_iteration/2 并且 Record = P_{te}

　　记录 Success = 1；//终止程序避免冗余搜索

　　End If

　　If Current_iteration＞Max_iteration/2 并且 Record = P_{re}

　　进行：复制操作

　　End If

　　If Current_iteration＞Max_iteration/2 并且 Record＞P_{el}

　　进行：驱散操作

　　End If

End For

End If

输出：选择的特征子集

6.2.4　客户分类问题的应用

　　将 6.2 节改进的算法命名为 BCFS-W（bacterial colony-based feature selection with weight-feature adjustment-strategy，基于权重特征调整策略的菌落特征选择）算法，本节采用来自 Amazon 客户评论的数据集来说明 BCFS-W 算法在客户分类中的应用。Amazon 客户评论的数据集可在线获取（https://archive.ics.uci.edu/ml/machine-learning-databases/00215/）。有 50 位客户被选中，每人 30 条评论。因此，有来自 50 个客户的 1500 条评论可供分类。这是一个典型的样本量少、特征属性维度高的数据集，如果不采用特征降维而直接使用分类学习，极其容易出现过拟合的问题，从而导致所构建的分类模型对新数据的泛化能力不好。在这项研究中，我们从每个人中选择前 70%的评论作为带有标签的样本进行训练，而其余评论则作为未标记的样本进行测试。从客户评论中提取的用于模式识别[40]的属性或特征的数量为 10 000。

1. 对比算法和参数设置

为了获得用于分类的内核特征子集，在本节中，将使用特征选择算法来提高分类准确率。采用 KNN 算法（$K=4$）作为分类器来评估从特征选择中获得的子集。

有几种经典的或开发完善的特征选择算法可供比较。

（1）典型的滤波式特征选择算法：联合互信息（joint mutual information，JMI）[41]和 mRMR[21]。与基于信息的标准算法［如 MIFS（mutual information based feature selection，基于互信息的特征选择）和 CMIM（conditional mutual information，条件互信息）］相比，JMI 的性能已在文献[42]中得到验证，其具有更高的准确性和稳定性。

（2）传统的特征选择算法：SFS 和 SBS[43]。

（3）基于细菌的特征选择算法：不使用权重策略的菌群特征选择（BCO based feature selection algorithm without weight strategy，BCON）[44]、细菌启发式特征选择算法（bacterial inspired feature selection algorithm，BIFS）[45]，以及基于细菌算法的随机特征选择（bacterial algorithm based feature selection with randomness，BAFS）[36]。这三种算法均基于 BCO 算法进行特征选择，后两种算法采用两种典型的基于权重的特征选择策略。

所有基于细菌算法的初始参数（即种群大小、初始种群位置和最大迭代次数）的设置完全相同，以进行合理的比较。具体而言，所有基于细菌的特征选择算法的种群规模均为 50，最大适应性评估时间均为 10 000。所有基于细菌的算法均采用具有线性递减策略的趋化步长[46]，且 $C_{max}=D/5$，$C_{min}=1$。变量维度是预期要选择的特征数量。用于随机性控制的参数定义为[36]：$P_{te}=40$、$P_{el}=20$ 和 $P_{re}=25$。这三种算法的初始种群是相同的，并且在允许的区域内随机生成。

2. 实验结果和分析

表 6-1 给出了 10 次重复运行的平均分类准确率（Accur.）、最佳分类准确率（Best），以及相关的特征平均数量（F. no.）。图 6-2 比较了基于细菌的特征选择算法，即采用不同特征尺寸时各算法获得的平均分类准确率。

表 6-1　客户推荐中特征选择算法的比较结果

数据集	指标	算法								
		ALL	JMI	mRMR	SFS	SBS	BCON	BAFS	BIFS	BCFS-W
亚马逊客户评论数据集	Accur.	0.277 8	0.798 1	0.782 6	0.745 1	0.765 9	0.819 1	0.925 3	0.922 2	**0.934 1**
	Best	0.293 3	0.819 0	0.811 1	0.804 4	0.813 3	0.860 5	0.957 8	0.947 2	**1.000 0**
	F.no./个	10 000	6.2	5.4	3.8	574	10.1	47.4	18.7	43.5

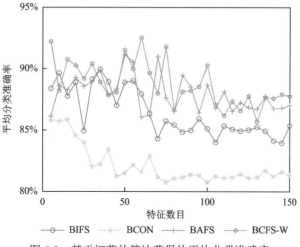

图 6-2　基于细菌的算法获得的平均分类准确率

从表 6-1 中，我们可以发现，使用所有特征集合时，分类准确率相当差。特征选择算法可以使用较小的特征数（不超过所有特征的 1%）提高分类准确率。尽管图 6-2 显示，大多数情况下，BCFS-W 算法似乎更好，但是基于特征权重策略的基于细菌的算法（BAFS、BIFS、BCFS-W 算法）的平均分类准确率相似。尽管基于细菌的算法中选择了更多的特征数量，尤其是基于特征权重策略的算法，但如果增加适当数量的特征可以实现更高的分类准确率，特征子集中的特征数目就不再是那么重要的评判指标。

图 6-3 显示了当使用变化的特征数量时，四种基于细菌的算法选择的特征所获得的分类准确率。图 6-3 提供了在 10 次独立重复的时间内获得的所有结果。由图 6-3 可知，使用较小的特征时，可以获得较高的分类准确率。通过 BAFS、BIFS 和 BCFS-W 算法获得的结果大部分超过 85%，而通过 BCON 算法获得的结果大部分在 80% 和 82% 之间。我们还可以得出类似的结论，即 BAFS 和 BCFS-W 算法的性能优于其他两种算法，尤其是当特征子集数目较小时，BCFS-W 算法的分类性能更好。

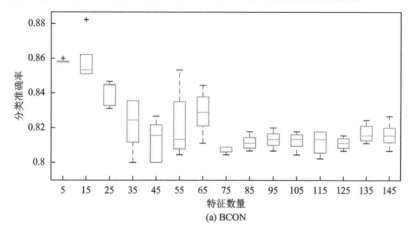

(a) BCON

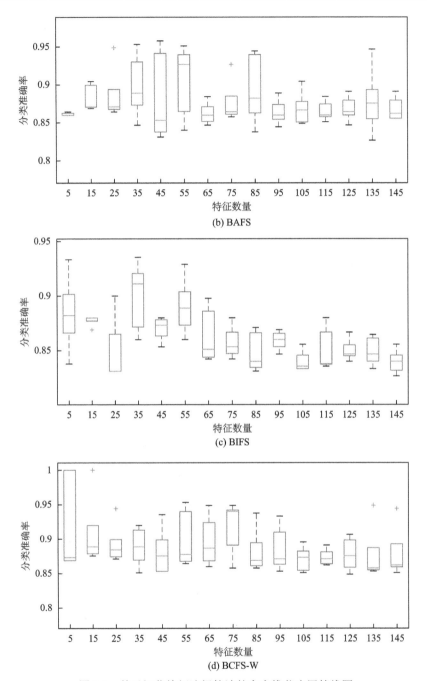

图 6-3　基于细菌特征选择算法的客户推荐应用箱线图

3. 结果讨论

（1）与未采用特征选择的方法相比。作为分类之前的预处理步骤，特征选择可以删除多余和不相关的特征，从而提高分类准确率。在所有情况下（基于基准数据集和推荐应用实验证明结果）采用特征选择算法实现的分类准确率明显高于未使用特征选择算法的分类准确率。因此，当一些候选特征是冗余的，且与分类无关时，特征选择算法可以增强分类的性能。

（2）与经典特征选择算法（即 JMI、mRMR、SFS 和 SBS）相比。与封装式特征选择算法相比，滤波式特征选择算法（JMI 和 mRMR）的性能较差。在大多数情况下，就准确率和特征数量而言，JMI 可以使用更少的计算成本实现与mRMR 相似或更高的准确率。基于 BCO 的特征选择算法在获取较小特征子集实现更高的准确率方面，优于其他经典算法，这说明 BCO 算法能够有效处理特征选择优化问题，是解决高维特征选择分类问题的最有前途的算法。

（3）与其他基于细菌优化的特征选择算法相比。考虑自适应属性学习策略的特征选择算法（BCFS-W 算法）明显优于基于两个权重机制的 BCO 算法和不使用权重机制的 BCO 算法。权重特征调整方法利用了 BAFS 和 BIFS 算法中两种基于权重的策略的优势，可以选择更好的子集来实现高性能的分类。此外，基于权重的特征策略可以通过总体频率和特征对单个矢量和组子集的贡献来调整特征子集，从而增强特征选择的有效性。在大多数情况下，这三种基于权重的BCO 特征选择算法可实现更好的性能。

6.3　多目标的菌群优化特征选择算法在客户细分中的应用

扩展到多目标任务背景的菌群特征选择算法已在第 5 章进行了介绍，图 6-4是多目标的菌群优化特征选择算法的简要流程，本节将直接对算法的应用进行描述。用于举例的算法是基于多目标结构再设计的细菌觅食优化（multi-objective structure-redesign-based bacterial foraging optimization，MOSRBFO）算法。通过该算法可以了解将菌群优化特征选择扩展成多目标算法的递进过程。

6.3.1　改进的循环结构

客户分类作为能够帮助管理者节省工作时间的方法，一直追求着高效、简洁的算法设计[47, 48]。因此，要使菌群算法更适合于处理客户分类问题，就需要对其结构进行调整以达到算法轻便化的目的，提高运算效率。因此，牛奔等[49]提出了一种改进循环结构（或称为结构重组）的细菌觅食优化（structure-redesign-based bacterial foraging optimization，SRBFO）算法，此改进受启发于经典 PSO 算法的单层串联结构，且在问题求解上表现颇佳。SRBFO 算法的流程如下，其中 l 为趋化算子，Fre 和 Fed 为复制和驱散的阈值。

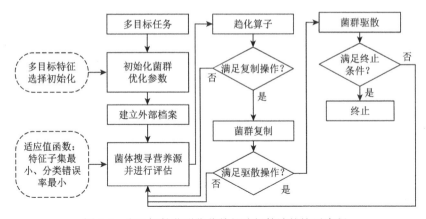

图 6-4　多目标的菌群优化特征选择算法的简要流程

SRBFO 算法的流程

1　首先进行菌群初始化，将每次迭代的适应值记为 J，设最新的适应值 $J_{last} = J$

2　接着开始趋化过程：$l = l + 1$，对每个菌体依次进行趋化操作，并记录当前适应值 J

3　**If**　$J < J_{last}$，菌体保持原方向朝前运动，**Else** 进入进程 4 **End**

4　**If**　$\mathrm{mod}(l, \mathrm{Fre}) == 0$，开始复制，**Else** 进入进程 5 **End**

5　**If**　$\mathrm{mod}(l, \mathrm{Fed}) == 0$，进行驱散，**Else** 进入进程 6 **End**

6　**If**　$l <$ 趋化次数最大值，进入进程 2；**Else** 终止 SRBFO 算法循环并输出终值 **End**

6.3.2　多目标任务下的新循环结构菌群优化特征选择算法

关于多目标的扩展策略，本书的第 5 章有详细的介绍。因此本节主要简述扩展策略的思想及形成过程。扩展的核心是对菌群个体的位置与客户细分中的特征选择问题建立映射关联，该映射关联即每个菌体搜索领域中存在的营养源的营养浓度与特征选择问题的适应值之间的对应关系。具体来说，就是将菌体找寻最好营养源的活动过程，映射为 MOSRBFO 算法求解特征选择问题的过程。此处的特征选择问题视为具有"特征数目最优"及"分类错误率最小"两个目标的多目标问题。具体映射过程如图 6-5 所示。

6.3.3　客户细分问题的应用

本节将介绍 MOSRBFO 算法在客户细分问题中的应用，主要采用来自 UCI 数据库的澳大利亚、德国及中国台湾三个用户的信用数据集（分别记为 AC、GC、DC），来说明多目标任务下的改进菌群优化在客户细分问题中的应用。以上数据集来自 http://archive.ics.uci.edu/ml/index.php。来自澳大利亚的客户数据一共有 690 条，该数据集有 14 个特征及银行根据用户特征给客户做的标记，标记分为两类：同意申请信贷的优先客户（44.5%）和不同意申请信贷的一般客户（55.5%）。来自德国的客户数据包含 1000 条记录，有 24 个特征及银行根据客户特征做的标记，标记分为低违约风险客户群（70%）和高违约风险客户群（30%）。最后是中国台湾的数据集，记录了 3000 条客户数据，包含 23 个特征及标记，标记分为按时还款的可信用户和延期还款的不可信用户两类。实验将数据的 70%用作训练集，30%用作测试集。

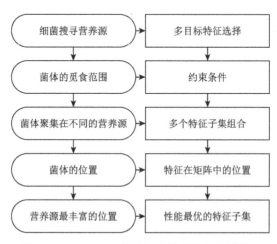

图 6-5　MOSRBFO 算法与特征选择的映射关系

1. 对比算法和参数设置

本书采用的分类器为 ANN（artificial neural network，人工神经网络）分类器[50]，将隐藏层数设置为 10，以便获得算法内核所需的特征子集，特征子集的数量和MOSRBFO 算法的运算有关。

对比算法方面，由于 MOSRBFO 算法是将菌群优化的特征选择扩展成了多目标算法，因此用于比较的对比算法均为多目标算法，包括非支配排序遗传算法（nondominated sorting genetic algorithm Ⅱ，NSGA-Ⅱ）、多目标粒子群优化（multi-objective particle swarm optimization，MOPSO）算法、基于分解的多目标进化算法（multi-objective evolutionary algorithm based on decomposition，MOEA-D）、改进强度的帕累托进化算法（improving the strength Pareto evolutionary algorithm Ⅱ，SPEA2）及基于帕累托包络的选择算法（Pareto envelope-based selection algorithm Ⅱ，PESA2）五种经典的多目标优化算法。算法每次运行会产生一个多目标方案，包括被选的客户特征属性、选择的客户特征数量及该特征组合方案的分类错误率。

参数设置方面，所有算法的种群规模、最大迭代次数均相同，以确保对比的相对公平。具体而言，所有种群的规模均为 50，最大迭代次数均为 100，适应值函数的维度均设置为 2。

2. 实验结果和分析

图 6-6、图 6-7、图 6-8 展示了 MOSRBFO 算法与对比算法在三个数据集中的表现，其中纵坐标为分类错误率，横坐标为选择特征的数目。分析图像可以看出，MOSRBFO 算法具有较好的表现效果，主要体现在能够同时保证分类错误率低和特征子集小两个目标都得到最优化的结果。

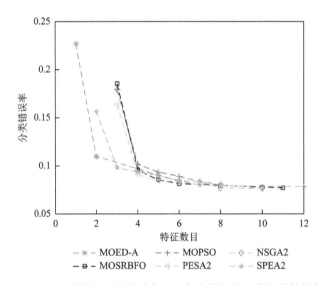

图 6-6　MOSRBFO 算法与对比算法在 AC 客户数据集上获得的帕累托最优解

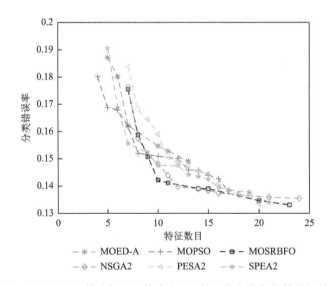

图 6-7　MOSRBFO 算法与对比算法在 GC 数据集上获得的帕累托最优解

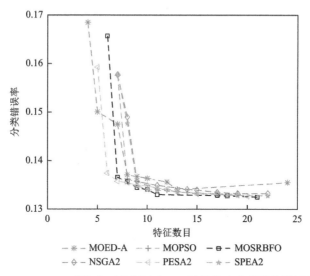

图 6-8　MOSRBFO 算法与对比算法在 DC 数据集上获得的帕累托最优解

为了更直观地了解各个算法的分类错误率[40]，将每个算法选择出的最优化方案用表 6-2、表 6-3、表 6-4 展示，其中 f_1 为选择特征的数量，f_2 为分类错误率。可以看出，MOSRBFO 算法具有明显的优势，在三个数据集上均能实现最小的分类错误率。

表 6-2　六种优化算法分类错误率最小的实验结果（AC）

数据集	目标函数值	优化方法					
		NSGA2	MOPSO	MOEA-D	SPEA2	PEAS2	MOSRBFO
AC	f_1	10	8	6	12	10	11
	f_2	0.0762	0.0804	0.0836	0.0784	0.0761	0.0760

表 6-3　六种优化算法分类错误率最小的实验结果（GC）

数据集	目标函数值	优化方法					
		NSGA2	MOPSO	MOEA-D	SPEA2	PEAS2	MOSRBFO
GC	f_1	24	15	13	10	20	23
	f_2	0.1354	0.1440	0.1489	0.1338	0.1335	0.1334

表 6-4　六种优化算法分类错误率最小的实验结果（DC）

数据集	目标函数值	优化方法					
		NSGA2	MOPSO	MOEA-D	SPEA2	PEAS2	MOSRBFO
DC	f_1	22	19	24	22	20	21
	f_2	0.1332	0.1331	0.1355	0.1327	0.1326	0.1325

3. 结果讨论

（1）在银行信用卡申请客户细分问题中。该类问题由澳大利亚客户信用数据集进行实验，银行根据客户的特征判断客户的信用状况，若信用良好则予以申请信用卡，否则拒绝客户的办理申请。因此，该类问题注重的是正确划分信用良好的客户，即分类正确率要尽可能高，而不太在意所选特征的数量。从表 6-2 的结果可以看出 MOSRBFO 算法的准确率是最高的（分类错误率最低）。

（2）在银行信贷审批的客户细分问题中。该类问题基于德国客户信用数据集进行实验，银行根据用户特征将客户分为高违约风险和低违约风险两类人群。根据图 6-7 可以得知，六个算法得出了几乎一致的分类方案，这说明该方案最有效。此外根据表 6-3 可知，MOSRBFO 算法能够取得最小的分类错误率。

（3）在信用卡违约支付的客户细分问题中。该类问题采用中国台湾的银行客户信用数据集来进行实验，银行根据用户的记录将其划分为能够及时还款的可信用户和不能及时还款的不可信用户。根据图 6-8 和表 6-4 可知，MOSRBFO 算法能够取得最小的分类错误率。总的来说，MOSRBFO 算法的效果是最佳的，在帮助企业管理者进行决策上更具有优势。

6.4 本 章 小 结

本章阐述了新型菌群特征选择算法在客户分类、细分问题中的应用。在描述应用之前，对适用于客户分类和细分问题的算法的改进策略和学习机制进行了总结和概括。其中，将一种新的特征调整策略嵌入到 BCO 算法中以提高客户分类的准确性的方法表现出色。新的策略将特征重复选择次数和特征贡献记录于外部档案并给予不同的优先级，被证明能够提高特征选择的效率，能够进一步提高分类器的准确率。该方法优于考虑权重策略的 BAFS 和 BIFS 算法，以及不考虑权重策略的其他 BCO 特征选择算法，能够用较少的特征（通过算法自动选择特征）达到较高的分类准确率。

本章提出的特征选择算法仍侧重于特征和特征子集评估。在实际应用中，期望选择的特征数量大多不确定，并且特征选择实际上是一个多目标优化问题，要求用最少的特征数量最大限度地提高分类性能。因此，特征选择的多目标实现也是一个重要的研究方向。

参 考 文 献

[1] 陈志刚，李斐然，尤瑞.大数据背景下的商业银行个人客户关系管理探讨.统计与决策，2016，（7）：165-167.

[2] de Caigny A，Coussement K，de Bock K W. A new hybrid classification algorithm for customer churn prediction

based on logistic regression and decision trees. European Journal of Operational Research，2018，269（2）：760-772.

[3]　Chen X J，Fang Y X，Yang M，et al. PurTreeClust: a clustering algorithm for customer segmentation from massive customer transaction data. IEEE Transactions on Knowledge and Data Engineering，2018，30（3）：559-572.

[4]　牛占文，杨福东，荆树伟. 基于模糊聚类分析的制造企业精益管理工具分类研究. 工业工程，2017，20（4）：1-10.

[5]　游凤芹，钟芳，周展. 中文多类别情感分类模型中特征选择方法. 计算机应用，2016，36（S2）：242-246.

[6]　乔非，葛彦昊，孔维畅. 基于 MapReduce 的分布式改进随机森林学生就业数据分类模型研究. 系统工程理论与实践，2017，37（5）：1383-1392.

[7]　Amnur H. Customer relationship management and machine learning technology for identifying the customer. JOIV：International Journal on Informatics Visualization，2017，1（1）：12-15.

[8]　Chu B H，Tsai M S，Ho C S. Toward a hybrid data mining model for customer retention. Knowledge-Based Systems，2007，20（8）：703-718.

[9]　罗鹏. 数据挖掘在客户关系管理（CRM）中的应用. 昆明：昆明理工大学，2013.

[10]　Ersöz S，Yaman N，Birgören B. Modeling and analyzing customer data in customer relationship management with artificial neural networks. Journal of the Faculty of Engineering and Architecture of Gazi University，2008，23（4）：759-767.

[11]　Yu L A，Wang S Y，Lai K K. Developing an SVM-based ensemble learning system for customer risk identification collaborating with customer relationship management. Frontiers of Computer Science in China，2010，4（2）：196-203.

[12]　Jović A，Brkić K，Bogunović N. A review of feature selection methods with applications. 38th International Convention on Information and Communication Technology，Electronics and Microelectronics（MIPRO），2015.

[13]　Jia J H，Yang N，Zhang C，et al. Object-oriented feature selection of high spatial resolution images using an improved Relief algorithm. Mathematical and Computer Modelling，2013，58（3/4）：619-626.

[14]　Dai Q，Yao C S. A hierarchical and parallel branch-and-bound ensemble selection algorithm. Applied Intelligence，2017，46（1）：45-61.

[15]　Jin X H，Ma E W M，Cheng L L，et al. Health monitoring of cooling fans based on Mahalanobis distance with mRMR feature selection. IEEE Transactions on Instrumentation and Measurement，2012，61（8）：2222-2229.

[16]　Choi E，Lee C. Feature extraction based on the Bhattacharyya distance. Pattern Recognition，2003，36（8）：1703-1709.

[17]　Wang G，Ma J，Yang S L. Igf-bagging: information gain based feature selection for bagging. International Journal of Innovative Computing，Information and Control，2011，7（11）：6247-6259.

[18]　Peng H C，Long F H，Ding C. Feature selection based on mutual information: criteria of max-dependency，max-relevance，and min-redundancy. IEEE Transactions on Pattern Analysis and Machine Intelligence，2005，27（8）：1226-1238.

[19]　Zhao Z，Liu H. Searching for interacting features in subset selection. Intelligent Data Analysis，2009，13（2）：207-228.

[20]　Chen Z J，Wu C Z，Zhang Y S，et al. Feature selection with redundancy-complementariness dispersion. Knowledge-Based Systems，2015，89：203-217.

[21]　Yang H H，Moody J. Data visualization and feature selection: new algorithms for nongaussian data. Advances in Neural Information Processing Systems，2000，12：687-693.

[22] Hancer E，Xue B，Zhang M J. Fuzzy filter cost-sensitive feature selection with differential evolution. Knowledge-Based Systems，2022，241：108259.

[23] Öztürk O，Aksaç A，Elsheikh A，et al. A consistency-based feature selection method allied with linear SVMs for HIV-1 protease cleavage site prediction. PLoS One，2013，8（8）：e63145.

[24] Dash M，Liu H，Motoda H. Consistency based feature selection. Pacific-Asia Conference on Knowledge Discovery and Data Mining，2000.

[25] Xue B，Zhang M J，Browne W N，et al. A survey on evolutionary computation approaches to feature selection. IEEE Transactions on Evolutionary Computation，2016，20（4）：606-626.

[26] Li A D，Xue B，Zhang M J. Improved binary particle swarm optimization for feature selection with new initialization and search space reduction strategies. Applied Soft Computing，2021，106：107302.

[27] 叶进，程泽凯，林士敏. 基于贝叶斯网络的电信客户流失预测分析. 计算机工程与应用，2005，（14）：212-214.

[28] Hsu W H. Genetic wrappers for feature selection in decision tree induction and variable ordering in bayesian network structure learning. Information Sciences，2004，163（1/2/3）：103-122.

[29] Chiang L H，Pell R J. Genetic algorithms combined with discriminant analysis for key variable identification. Journal of Process Control，2004，14（2）：143-155.

[30] Kashef S，Nezamabadi-Pour H. An advanced ACO algorithm for feature subset selection. Neurocomputing，2015，147：271-279.

[31] Wang H S，Yan X F. Optimizing the echo state network with a binary particle swarm optimization algorithm. Knowledge-Based Systems，2015，86：182-193.

[32] Xue B，Zhang M J，Browne W N. Particle swarm optimisation for feature selection in classification：novel initialisation and updating mechanisms. Applied Soft Computing，2014，18：261-276.

[33] Park C H，Kim S B. Sequential random k-nearest neighbor feature selection for high-dimensional data. Expert Systems with Applications，2015，42（5）：2336-2342.

[34] Lin S W，Lee Z J，Chen S C，et al. Parameter determination of support vector machine and feature selection using simulated annealing approach. Applied Soft Computing，2008，8（4）：1505-1512.

[35] Zhu Z X，Ong Y S，Dash M. Markov blanket-embedded genetic algorithm for gene selection. Pattern Recognition，2007，40（11）：3236-3248

[36] Wang H，Niu B. A novel bacterial algorithm with randomness control for feature selection in classification. Neurocomputing，2017，228：176-186.

[37] Huang B Q，Kechadi M T，Buckley B. Customer churn prediction in telecommunications. Expert Systems with Applications，2012，39（1）：1414-1425.

[38] Wang H，Niu B，Tan L J. Bacterial colony algorithm with adaptive attribute learning strategy for feature selection in classification of customers for personalized recommendation. Neurocomputing，2021，452：747-755.

[39] Wang H，Jing X J，Niu B. A weighted bacterial colony optimization for feature selection. International Conference on Intelligent Computing，2014.

[40] Wang H，Jing X J，Niu B. A discrete bacterial algorithm for feature selection in classification of microarray gene expression cancer data. Knowledge-Based Systems，2017，126：8-19.

[41] Sulaiman M A，Labadin J. Feature selection based on mutual information. 9th International Conference on IT in Asia（CITA），2015.

[42] Brown G，Pocock A，Zhao M J，et al. Conditional likelihood maximisation：a unifying framework for information

theoretic feature selection. Journal of Machine Learning Research，2012，13：27-66.

[43] Whitney A W. A direct method of nonparametric measurement selection. IEEE Transactions on Computers，1971，20（9）：1100-1103.

[44] Niu B，Wang H. Bacterial colony optimization. Discrete Dynamics in Nature and Society，2012，2012：1-28.

[45] Wang H，Jing X J，Niu B. Bacterial-inspired feature selection algorithm and its application in fault diagnosis of complex structures. IEEE Congress on Evolutionary Computation（CEC），2016.

[46] Niu B，Fan Y，Wang H，et al. Novel bacterial foraging optimization with time-varying chemotaxis step. International Journal of Artificial Intelligence，2011，7（11 A）：257-273.

[47] 罗彬，邵培基，罗尽尧，等. 基于多分类器动态集成的电信客户流失预测. 系统工程学报，2010，25（5）：703-711.

[48] 罗彬，邵培基，罗尽尧，等. 基于粗糙集理论-神经网络-蜂群算法集成的客户流失研究. 管理学报，2011，8（2）：265-272.

[49] 牛奔，毕莹，郭晨. 结构重组的细菌觅食优化算法及其在投资组合问题上的应用. 中国管理科学，2014，22（S1）：205-211.

[50] Niu B，Bi Y，Chan F T S，et al. SRBFO algorithm for production scheduling with mold and machine maintenance consideration. International Conference on Intelligent Computing，2015.

第7章 新型菌群特征选择算法在图像识别领域的应用

图像识别是人工智能的重要分支。图像识别指利用计算机对图像进行处理、分析和理解，以识别不同模式的目标和对象的技术[1]。图像识别的研究目的是让计算机拥有视觉能力，以便代替人类自动地处理大量的图像信息[2]。随着深度学习的发展，近年来图像识别受到了广泛的关注。图像识别技术现已广泛地应用于遥感、军事、地质、气象、农业、工业、医疗、银行、电子商务及多媒体网络通信等领域。例如，图像识别技术可用于从遥感图片中辨别农作物、森林、湖泊和军事设施，以及判断农作物的长势、预测收获量[3]；银行的现金识别和身份证识别[3]；根据气象卫星的照片预报天气[4]；根据工业转炉钢材的照片来判断钢材的状态，有助于实现工业转炉的自动化[5]。群体智能是基于人们对于自然界群居生物的观察所提出的一种智能形态，具有群体涌现出的智慧超越其组成个体的智慧的特点，群体智能优化算法在图像识别领域有着很多应用，如运用BFO[6]算法来求解图像的多层最优阈值，对图像的分割起到很大的帮助[7]；将 BFO 算法与模糊系统技术相结合，以解决彩色图像增强问题[8]；使用多种群体智能优化算法，改进农业类图像的分割效果[9, 10]。

图像的识别系统一般由四个环节组成：图像获取、图像预处理、图像特征提取或选择、分类器设计[3]。

（1）图像获取。图像是从现实世界采集的模拟数据，由某些传感器（如扫描仪、数码照相机等）收集，被转换成适合计算机处理的形式。数字图像用矩阵的方式来描述，若根据灰度级数的差异来分类，可分为：黑白图像、灰度图像和彩色图像。黑白图像的每个像素只能是黑色或白色，没有中间的过渡，故又被称为二值图像，其像素值为 0 或 1。灰度图像中每个像素的信息由一个量化的灰度来描述，灰度级数分 256 级，取值范围为 0～255。彩色图像是指每个像素由 R、G、B 三分量构成的图像，其中 R、G、B 由不同的灰度级来描述[3]。

（2）图像预处理。在图像识别任务中，图像的质量是至关重要的，其好坏直接影响识别算法的精度和识别的效果，为此要对图像进行预处理。图像预处理的主要目的是消除图像中的噪声以改善图像的质量，通过去除无用信息和增强有用信息来增加图像识别的可靠性[3]。一般在预处理阶段完成的工作有图像去噪、坐标变换、图像增强、图像复原、图像分割等。

（3）图像特征提取或选择。特征构建就是从图像中提取一组反映图像特征的基本元素或数值，它可能包括形状、颜色、纹理、空间信息等相关图像属性。然而对于大多数实际问题，从大量的图像样本中得到的大量特征，使得图像识别任务的求解需要大量的时间。因此，有必要使用特征提取或选择来缩短计算时间同时提高识别准确率，特征选择和特征提取之间的主要区别在于特征选择通过选择原始特征的子集来工作；而特征提取能够通过合并现有特征和创建新特征来降低维数。通过特征选择和特征提取，可以缩小数据的维数而不会导致性能下降甚至可以提高性能[11]。这些特点让它们被广泛应用于各种实际问题。例如，我们试图猜测一个给定的人的种族。特征选择系统会选择那些有助于确定种族的特征，如身高、头发颜色、眼睛颜色或肤色；相反，特征提取系统将生成一些不同于原始特征的新特征，它很可能组合了特征选择系统选择的特征所包含的信息，但这样我们就失去了原来特征的意义。这两种技术各有优缺点[12]。一方面，特征提取能够生成一组新的特征，这些特征通常更紧凑，并且具有更强的识别能力。但是这种方法牺牲了特征的可解释性，因此适用于识别精度非常重要而特征的可解释性可以忽略的应用中。典型的特征提取方法如主成分分析（principal component analysis，PCA）[13]、图像领域中的尺度不变特征变换（scale-invariant feature transform，SIFT）及其改进方法[14]和方向梯度直方图（histogram of oriented gradient，HOG）[15]等方法，随着深度学习的发展，流形学习（manifold learning）[16]和堆栈自编码器（stacked autoencoder）[17]也被应用于自动提取特征的任务中。另一方面，特征选择（构建原始特征的子集）保持了原始特征，因此通常更适合原始特征对模型的可解释性和知识提取至关重要的问题，如医学问题的应用场景，尽管有时这是以失去一些准确性为代价的[18]。此外，特征选择还提供了提高速度和降低成本的可能性，因为在将来不相关的特征不需要采集和考虑。

（4）分类器设计。分类器设计的目的是采用一定的准则或机制建立分类规则，并使用它们对未知图像进行分类识别。分类的概念是基于已有的特征构造出一个分类函数或分类模型，该函数或模型能够把特征映射到给定的类别，从而识别出图像的类别。分类可以用不同的方法来实现，如模板匹配、树搜索算法，或者使用更复杂的分类器。

7.1　图像特征选择分类问题研究现状

大数据问题的出现，特别是那些包含大量特征的问题，需要行之有效的数据降维方法来提高计算的速度。降低数据维数的方法主要有两种：特征提取和特征选择。特征选择和特征提取的根本任务就是找出图像最有效的特征以达到降低特征空间维数的目的。因此，希望选择的特征具有以下特点。①差异性，即不同类别的图像内容的特征应具有明显差异。图像的特征要有代表性，既能反映图像各方面的特点，同时又能体现图像的特异性以与其他图像相区别。②可靠性，图像特征要有较强的抗干扰能力，受光照、旋转、形状、尺寸等因素的影响小而较稳定，且同一类图像的特征应较为相近。③独立性，所选用的各特征应该相互独立，彼此没有关联。④数量少，少量的特征可以降低分类器的复杂度，从而提高分类器的训练速度。

找到最优的特征组合是一个困难的任务，考虑所有的特征组合以找到最优的组合方案几乎是不可能的。由于启发式算法的优势，如要调整的参数少且与优化目标的梯度无关，越来越多的研究集中在利用启发式算法来处理特征选择问题。目前，很多学者已经将不同的进化算法应用于图像识别问题的特征选择，如 PSO 算法[19-23]、ACO 算法[24, 25]、BFO 算法[26]、遗传算法[27]、差分进化算法[28]。细菌启发的算法有较好的全局搜索和快速收敛的能力，已经在很多研究工作中得到应用[29]。

7.2　图像的特征类别

特征是图像识别的关键，其作为分类依据直接决定了最终的分类结果。目前图像的三种基本特征是形状特征、纹理特征和颜色特征[3]。有时为了区别不同特征也对特征种类进行更细的分类，如灰度特征、投影特征、统计特征等。本节主要对形状特征和纹理特征进行简要的介绍。形状特征主要描述图像目标的边界和区域；纹理特征的描述是基于其计算方法的，如基于灰度共生矩阵计算所得的纹理特征可以描述图像灰度空间的差异，而基于 radon 变换得到的纹理特征可以描述图像在不同角度的投影特征等。上述特征从不同的角度对图像进行描述，从而提取有效的信息来帮助识别图像。对于不同的分类任务往往选用的特征也不尽相同，在选取特征时要针对每个问题的特点，选取有利于解决问题的特征。本节总结了一些常用的图像特征，供读者参考使用。

7.2.1　形状特征

人类的视觉系统对于物体最直观的认知就是形状，形状由物体的边界和区域决定。物体的形状特征可以用其几何特征（如面积、长短、凹凸等）、统计属性（如矩特征、投影等）、拓扑属性（如欧拉数）和傅里叶形状描述符来进行描述。

1. 几何特征

（1）面积 S 和周长 L：图像的区域面积 S 指该区域中像素的个数，区域的周长 L 指区域中相邻边缘点间距离之和。

（2）圆形度 R_0、内切圆半径 r 和形状复杂度 e：圆形度 R_0 用于描述图像的形状接近圆形的程度，其计算公式为

$$R_0 = 4\pi S / L^2 \tag{7-1}$$

内切圆半径 r 的计算公式为

$$r = 2R / L \tag{7-2}$$

形状复杂度 e 描述了区域单位面积的周长大小，其计算公式为

$$e = L^2 / S \tag{7-3}$$

其中，e 值大表明单位面积的周长大，区域的形状复杂。

（3）凹凸性：如果区域内任意两像素间的连线穿过区域外的像素，则此区域为凹形。

（4）平均曲率：微分几何中一个外在的弯曲测量标准，描述一个曲面嵌入周围空间（如二维曲面嵌入三维欧几里得空间）的曲率。平均曲率是空间曲面上某一点任意两个相互垂直的正交曲率的平均值。

2. 矩特征

矩特征是利用力学中矩的概念将区域内部的像素点作为质点，像素的坐标作为力臂，从而以各阶矩的形式来表示区域的形状特征。

$f(x,y)$ 的 pq 阶原点矩可以表示为

$$M_{pq} = \int_{-\infty}^{+\infty}\int_{-\infty}^{+\infty} x^p y^q f(x,y) \mathrm{d}x\mathrm{d}y, \ \ p,q = 0,1,2,\cdots \tag{7-4}$$

数字图像是一个二维的离散信号，对上述公式进行离散化：

$$M_{pq} = \sum\sum x^p y^q f(x,y)\mathrm{d}x\mathrm{d}y, \ \ p,q = 0,1,2,\cdots \tag{7-5}$$

（1）质心：质心在图像的意义下指的是区域灰度重心的坐标，质心的计算公式为

$$(\overline{x},\overline{y}) = (M_{10} / M_{00}, M_{01} / M_{00}) \tag{7-6}$$

区域密度的总和叫作零阶矩 M_{00}，物体质量中心的坐标可通过一阶矩分别除以零阶矩得到。

（2）中心距：中心距反映了区域中的灰度相对于灰度重心是如何分布的，计算公式如下：

$$M_{pq} = \sum \sum (x - \overline{x})^p (y - \overline{y})^q f(x, y) \mathrm{d}x\mathrm{d}y \tag{7-7}$$

以目标区域的质心为中心构建中心矩，中心矩是由计算目标区域中的点与目标区域的质心之间的相对距离获得的，与目标区域的位置无关，具备了平移不变性。

（3）Hu 矩[30]：图像的 Hu 矩是一种具有平移、旋转和尺度不变性的图像特征，其利用二阶、三阶中心距构造了 7 个函数。

$$M_1 = m_{20} + m_{02} \tag{7-8}$$

$$M_2 = (m_{20} - m_{02})^2 + 4m_{11}^2 \tag{7-9}$$

$$M_3 = (m_{30} - 3m_{12})^2 + (3m_{21} + m_{03})^2 \tag{7-10}$$

$$M_4 = (m_{30} + m_{12})^2 + (m_{21} + m_{03})^2 \tag{7-11}$$

$$M_5 = (m_{30} - 3m_{12})(m_{30} + m_{12})[(m_{30} + m_{12})^2 - 3(m_{21} + m_{03})^2] \\ + (3m_{21} - m_{03})(m_{21} + m_{03})[3(m_{30} + m_{12})^2 - (m_{21} + m_{03})^2] \tag{7-12}$$

$$M_6 = (m_{20} - m_{02})[(m_{30} + m_{12})^2 - (m_{21} + m_{03})^2] \\ + 4m_{11}(m_{30} + m_{12})(m_{21} + m_{03}) \tag{7-13}$$

$$M_7 = (3m_{21} - m_{03})(m_{30} + m_{12})[(m_{30} + m_{12})^2 - 3(m_{21} + m_{03})^2] \\ - (m_{30} - 3m_{12})(m_{21} + m_{03})[3(m_{30} + m_{12})^2 - (m_{21} + m_{03})^2] \tag{7-14}$$

除了 Hu 矩，Zernike 矩也常被用于图像识别。Zernike 矩是正交矩，相比于 Hu 矩，其抽样能力好，抗噪声能力强，更适合用于对多畸变不变的图像的描述和识别。

3. 欧拉数

图像的欧拉数是图像的一种拓扑性质的度量，它表明了图像的连通性。欧拉数的定义为图中或区域中连接部分数 C 和孔数 H 的差：$E = C - H$。

4. 傅里叶形状描述符

傅里叶形状描述符在二维和三维形状分析中起着重要的作用，并在多种形状识别（如手写数字、机械零件等）任务中有较好的效果。傅里叶形状描述符用物体边界的傅里叶变换作为形状描述，利用区域边界的封闭性和周期性将二维问题转化为一维问题。为了满足平移和旋转不变性的要求，引入封闭曲线弧长 l 为自变量的参数表示形式，并在每个点处基于起始点计算曲线的走向变化函数 $\varphi(l)$。将 $\varphi(l)$ 转化为 $[0, 2\pi]$ 域内的周期函数，并用傅里叶级数展开，取其变换后的系数来描述区域边界的形状特征。

7.2.2　纹理特征

纹理是表征图像均匀性的一个基本且非常重要的特征。纹理是由空间位置上灰度的变化来构造的，纹理特征描述符是通过各种基于结构、光谱和统计模型的技术来计算的，如灰度直方图、方向梯度直方图、灰度共生矩阵、radon 变换和gabor 特征等。

1. 灰度直方图

灰度直方图在计算机视觉中得到了广泛的应用，因为它是获得全局特征的一种非常有效的方法。在灰度直方图方法中，图像分析是利用整个图像或部分图像的灰度值来进行的，它反映了图像中每种灰度出现的频率，并对图像旋转具有不变性。灰度直方图的计算公式为

$$H(G) = \frac{n_G}{n}, \quad G = 0,1,\cdots,\text{NG}-1 \qquad (7\text{-}15)$$

其中，n_G 为落在区间 G 的像素个数；NG 为灰度区间的个数。同时，图像的灰度特征还包括均值、方差、偏度和斜度等统计量。

2. 方向梯度直方图

方向梯度直方图的本质是梯度的统计信息，而梯度主要存在于边缘的地方。在纹理特征中局部的表层曝光强度的相对比重较大，这种压缩处理可以比较好地降低图像局部的阴影和光照变化。其通过计算和统计局部区域的梯度方向直方图来构成特征。首先需要将图像分成小的连通区域，称之为胞元。其次采集胞元中各个方向和各个像素点的梯度或边缘的方向直方图。最后把这些直方图组合起来构成特征描述。

3. 灰度共生矩阵

由于纹理是由灰度分布在空间位置上且反复出现而形成的，因而在图像空间中相隔一定距离的两像素之间会存在一定的灰度关系，这种关系被称为灰度的空间相关性。灰度共生矩阵通过研究灰度的空间相关性来描述纹理，用于描述图像中相邻像素之间的关系，反映不同方面（如均匀性等）的特征，并给出相邻像素之间强度的转换信息。对于一张大小为 $N \times N$ 的灰度图像 I，其灰度共生矩阵 P 可以定义为

$$P(i,j) = \sum_{x=1}^{\infty} \sum_{y=1}^{\infty} \{1, \text{if} I(x,y) = i \text{ and } I(x+\Delta x, y+\Delta y) = j\} \qquad (7\text{-}16)$$

其中，$(\Delta x, \Delta y)$ 为两个像素间的位置关系。

Haralick 等[31]提出了 14 种基于灰度共生矩阵计算出来的统计量，这里只举几个常用的例子。

相关性的计算公式：

$$f_1 = \sum_{i,j=0}^{n-1} P(i,j) \frac{(i-\mu)(j-\mu)}{\sigma^2}$$ （7-17）

均匀性的计算公式：

$$f_2 = \sum_{i,j=1}^{n} \frac{P(i,j)}{1+(i-j)^2}$$ （7-18）

对比度的计算公式：

$$f_3 = \sum_{i,j=1}^{n} P(i,j)(i-j)^2$$ （7-19）

能量的计算公式：

$$f_4 = \sum_{i,j=1}^{n} P(i,j)^2$$ （7-20）

熵的计算公式：

$$f_5 = \sum_{i,j=1}^{n} -\log P(i,j) P(i,j)$$ （7-21）

4. radon 变换

应用投影变化，可以把二维图像的分析问题转换成一维的曲线波形的分析问题。radon 变换将图像表示为沿不同方向投影的集合（即积分变换）。投影可以沿任意角度计算，换句话说，通过改变角度，可以得到代表不同几何信息的各种投影。为了区分不同的类别，可以考虑使结果更加差异化的几何投影方向。

5. gabor 特征

gabor 特征一般是通过对图像与 gabor 滤波器做卷积而得到的，定义为高斯函数与正弦函数的乘积。gabor 滤波器的频率和方向接近人类视觉系统对于频率和方向的表示，因而常用于纹理表示和描述。gabor 滤波器是由高斯函数构造的复指数信号，使用空间域中的笛卡儿坐标和频域中的极坐标的二维 gabor 滤波器的定义为

$$g_{x_0,y_0,f_0,\theta_0} = \exp\{i[2\pi f_0(x_0\cos\theta_0 + y_0\sin\theta_0) + \varphi]\}\mathrm{gauss}(x_0, y_0)$$ （7-22）

其中，

$$\mathrm{gauss}(x_0, y_0) = K\exp\{-\pi[a^2(x_0\cos\theta_0 + y_0\sin\theta_0)^2 + b^2(x_0\sin\theta_0 - y_0\cos\theta_0)^2]\}$$

（7-23）

a 和 b 刻画了特征的形状；x_0、y_0、f_0 和 θ_0 分别为特征在空间域和频域中的位置。

7.3　基于新型菌群特征选择算法的图像分类

新型菌群特征选择算法在本书第 5 章有详细介绍，BCO 算法[32]是最近提出的细菌启发式算法，它在特征提取问题上已经有了很好的应用[33]，但由于其提出时间较晚，目前为止只有较少的研究者将 BCO 算法应用于图像的特征选择问题。本节将基于第 5 章内容及作者先前的工作[33]，在 MNIST 手写数字数据集和偏头痛磁共振图像数据集上进行实验，探索如何将 BCO 算法及其改进算法的潜在全局搜索能力应用到图像的特征选择问题上，以提高图像识别的效率和准确率。

7.3.1　MNIST 手写数字分类

1. 数据集及其特征提取

MNIST 手写数字数据集来自美国国家标准与技术研究院（National Institute of Standards and Technology，NIST），一共有 7 万张经过处理的二维灰度图像，其中包含了 6 万张训练集图像和 1 万张测试集图像。图像是通过 250 个不同的人手写数字完成，他们中 50%是高中学生，50%是来自人口普查局的工作人员。由于原始数据集图像数量过多，本次实验选用 1000 张图片作为数据集（数据集下载地址 http://yann.lecun.com/exdb/mnist/）。

如前文介绍，目前提出和应用的图像特征种类繁多，不同的特征对图像的描述是不一样的。图像特征的提取并不是盲目的，有些特征可能会比较准确地描述数据集图像的特性，这样的特征会在后续分类过程中起到积极的作用。但也可能存在某些特征，它们并不能表达数据集图像的性质，只会使后续分类过程的难度增加，甚至影响分类结果。因此在提取特征之前，需要根据图像的性质选择一些特征进行提取，对于 MNIST 手写数字数据集我们提取灰度、gabor 特征、平均曲率、梯度直方图这四类特征并将其整合在一起，得到的总特征的维数为 247 维。

2. 分类实验与结果分析

本实验在 MNIST 数据集上使用 BCO 算法做特征选择，再根据选择的特征使用分类器进行分类，并将其准确率与未做特征选择的分类器准确率进行比较。此外，将 CFS（correlation-based feature selection，基于相关性的特征选择[34]）算法作为对比算法。分类器采用 KNN（$K=4$）算法与 SVM，分类时使用五折交叉验证，经过多次实验发现 BCO 算法与 CFS 算法在迭代 50 次内会收敛，因此将迭代次数设为 50，所有分类实验均进行 30 次。

表 7-1 展示了各算法的分类结果，其中数据显示，无论是使用 KNN 算法作分

类器还是使用 SVM 作分类器，BCO 算法做特征选择后的准确率都要优于未做特征选择的准确率，表明特征选择的过程中去除了一些冗余或无用的特征，这是 BCO 算法做特征选择的一次成功应用；CFS 算法做特征选择后的分类准确率与未做特征选择的准确率相比提升不大，甚至使用 SVM 作分类器时准确率会有所下降。但实际上 CFS 算法做特征选择后的运行速度较快，其选择了 25 维特征，以降低部分准确率为代价，提高了运行速度且降低了运算成本。

表 7-1　各算法的准确率及其选择特征数量均值

项目	KNN	BCO + KNN	CFS + KNN
平均准确率	89.21%	92.17%	89.60%
最高准确率	89.50%	92.50%	90.60%
特征数量均值	全部（247）	51.67	25
项目	SVM	BCO + SVM	CFS + SVM
平均准确率	93.53%	95.72%	90.30%
最高准确率	93.80%	96.2%	91.6%
特征数量均值	全部（247）	88.33	25

图 7-1 与图 7-2 显示了各算法的详细分类准确率。从图 7-1 和图 7-2 中可观察到 BCO 算法在迭代 20 到 30 次后会收敛，而 CFS 算法一般在迭代 30 到 40 次才会收敛。实验过程中发现，使用 KNN（$K = 4$）算法作分类器时，BCO 算法每代的计算耗时相比于 CFS 算法要略长一点，两种算法迭代 50 次的耗时是不相上下的，但 BCO 算法带来了不错的准确率的提升，总体而言 BCO 算法的效果会更好一点；使用 SVM 作分类器时，BCO 算法每代的计算耗时相比于 CFS 算法要长很多，以至于 BCO 算法迭代 50 次的耗时也比 CFS 算法要长得多，虽然牺牲了部分准确率但是运算速度提高了不少，这就是 CFS 算法的优势所在。

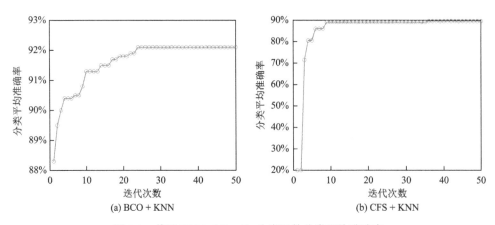

图 7-1　使用 KNN（$K = 4$）分类器的分类平均准确率

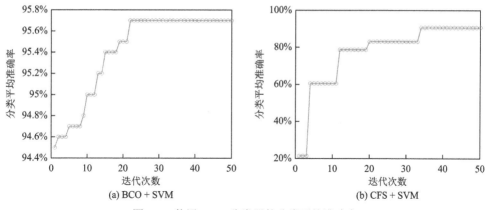

图 7-2　使用 SVM 分类器的分类平均准确率

7.3.2　偏头痛磁共振图像分类

1. 数据集及其特征提取

偏头痛是临床最常见的原发性头痛类型，临床以发作性中重度、搏动样头痛为主要表现，头痛多为偏侧，一般持续 4～72 小时，可伴有恶心、呕吐，光、声刺激或日常活动均会加重头痛，安静的环境、休息可缓解头痛。人群中患病率为 5%～10%，常有遗传背景。近些年随着机器学习领域的发展，利用现有的资源及相关技术对偏头痛磁共振图像进行分类诊断，对于减轻医生工作量、提高就医效率、缓解医疗资源紧缺都具有重大的意义。本实验使用的磁共振图像来自亚利桑那州梅奥诊所和圣路易斯华盛顿大学医学院，数据集共 120 个样本，包括 54 位正常患者和 66 位偏头痛患者。对其提取皮质厚度、表面积和体积特征并组合，得到的总特征共 196 维。

2. 分类实验与结果分析

本实验我们使用四种基于 BCO 的特征选择算法［BCON、BIFS[35]、BCO-W（weighted feature selection algorithm based on bacterial colony optimization，基于菌落优化的加权特征选择算法）[36]和 BCO-MDP[29]算法］进行分类实验，并将它们的准确率与未做特征选择的分类器准确率进行比较。采用 KNN（$K=4$）算法作为分类器，从数据集中随机抽取 90% 的样本进行训练，其余 10% 的样本用于测试。以上各算法的参数（即种群大小、初始位置和最大迭代次数）设置完全相同。初始种群在允许区域内随机生成，大小为 50，最大迭代次数为 10 000。概率参数 Pd 为 0.5，所有分类实验均进行 30 次。

表 7-2 给出了各算法的分类结果。表 7-2 显示在该数据集上，四种特征选择算法都有效地提升了分类准确率。基于混合策略的 BCO 算法（BCO-MDP 算法）明显优于其他三种算法，两个基于权重策略的 BCO 算法（BCO-W 和 BIFS 算法）

性能相似，不使用权重策略进行分类的 BCO 算法（BCON 算法）的性能略差一点。

表 7-2　基于 BCO 的各算法在偏头痛磁共振图像分类中的结果

项目	全部特征	BCON	BCO-W	BIFS	BCO-MDP
平均准确率	38.79%	97.27%	98.18%	98.18%	100%
最高准确率	45.46%	100%	100%	100%	100%
特征数均值	196.0	16.0	12.0	14.5	11.0

图 7-3 显示了各算法运行 30 次的详细分类准确率。从四种算法的箱线图来看，BCO-MDP 算法在选择能够提高分类器性能的特征子集时更加稳定、有效；在箱线图的稳定性方面，BIFS 算法的性能则稍逊于 BCO-W 和 BCO-MDP 算法；在大多数情况下，BCO-MDP 算法在准确性和稳定性方面表现最佳，如图 7-3（d）所示，BCO-MDP 算法大部分时间可以达到 100%的准确率。

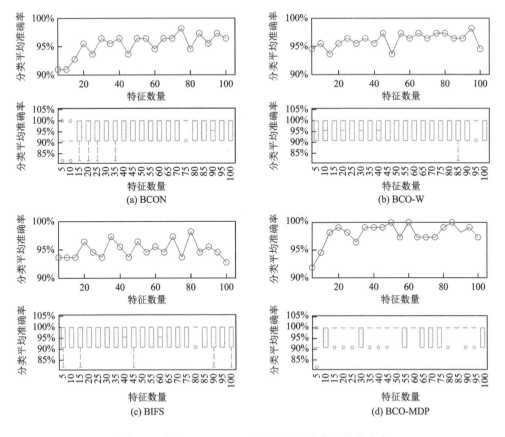

图 7-3　使用 KNN（$K=4$）分类器的分类平均准确率

7.4　本 章 小 结

本章首先阐述了图像特征选择分类问题的研究现状，其次介绍了图像特征的相关基础知识，最后在 MNIST 数据集和偏头痛磁共振数据集上运用新型菌群特征选择算法进行了图像分类实验，证明了新型菌群特征选择算法在图像特征选择问题上的成功应用。虽然目前仅在两个数据集上进行了实验，但实验结果显示，新型菌群特征选择算法在图像识别领域有着很大的应用空间。

参 考 文 献

[1]　张曰花，王红，马广明. 基于深度学习的图像识别研究. 现代信息科技，2019，3（11）：111-112，114.

[2]　庞宵. 信息熵蚁群算法在特征提取和图像识别中的应用. 鞍山：辽宁科技大学，2008.

[3]　王耀南，李树涛，毛建旭. 计算机图像处理与识别技术. 北京：高等教育出版社，2001.

[4]　韩秀珍，李三妹，窦芳丽. 气象卫星遥感地表温度推算近地表气温方法研究. 气象学报，2012，（5）：1107-1118.

[5]　倪凡，舒彧，冯光璐. 图像识别技术的应用与发展. 产业创新研究，2020，（22）：44-45，48.

[6]　Passino K M. Biomimicry of bacterial foraging for distributed optimization and control. IEEE Control Systems Magazine，2002，22（3）：52-67.

[7]　Otsu N. A threshold selection method from gray-level histograms. IEEE Transactions on Systems，Man，and Cybernetics，1979，9（1）：62-66.

[8]　Hanmandlu M，Verma O P，Kumar N K，et al. A novel optimal fuzzy system for color image enhancement using bacterial foraging. IEEE Transactions on Instrumentation and Measurement，2009，58（8）：2867-2879.

[9]　刘立群，王联国，韩俊英，等. 群体智能算法在农作物籽粒图像识别领域的应用研究. 兰州：甘肃农业大学，2016.

[10]　Bolón-Canedo V，Remeseiro B. Feature selection in image analysis：a survey. Artificial Intelligence Review，2020，53：2905-2931.

[11]　Guyon I，Gunn S，Nikravesh M，et al. Feature Extraction：Foundations and Applications. Berlin：Springer，2006.

[12]　Zhao Z A，Liu H. Spectral Feature Selection for Data Mining. New York：Chapman and Hall/CRC，2012.

[13]　Patil U，Mudengudi U. Image fusion using hierarchical PCA. International Conference on Image Information Processing，2011.

[14]　Juan L，Gwun O. A comparison of SIFT，PCA-SIFT and SURF. International Journal of Image Processing（IJIP），2009，3（4）：143-152.

[15]　Shu C，Ding X Q，Fang C. Histogram of the oriented gradient for face recognition. Tsinghua Science and Technology，2011，16（2）：216-224.

[16]　Yu J B. Enhanced stacked denoising autoencoder-based feature learning for recognition of wafer map defects. IEEE Transactions on Semiconductor Manufacturing，2019，32（4）：613-624.

[17]　Guo G D，Fu Y，Dyer C R，et al. Image-based human age estimation by manifold learning and locally adjusted robust regression. IEEE Transactions on Image Processing，2008，17（7）：1178-1188.

[18]　Remeseiro B，Bolon-Canedo V. A review of feature selection methods in medical applications. Computers in

Biology and Medicine, 2019, 112: 103375.

[19] 程天艺, 王亚刚, 龙旭, 等. 多层次降维的头颈癌图像特征选择方法. 计算机科学与探索, 2020, 14 (4): 669-679.

[20] 朱晓恩. 基于群体智能的医学图像特征优化算法研究. 杭州: 浙江大学, 2012.

[21] Zhang X R, Wang W N, Li Y Y, et al. PSO-based automatic relevance determination and feature selection system for hyperspectral image classification. Electronics Letters, 2012, 48 (20): 1263-1265.

[22] Aboudi N, Guetari R, Khlifa N. Multi-objectives optimisation of features selection for the classification of thyroid nodules in ultrasound images. IET Image Processing, 2020, 14 (9): 1901-1908.

[23] Naeini A A, Babadi M, Mirzadeh S M J, et al. Particle swarm optimization for object-based feature selection of VHSR satellite images. IEEE Geoscience and Remote Sensing Letters, 2018, 15 (3): 379-383.

[24] Chen L, Chen B L, Chen Y X. Image feature selection based on ant colony optimization. Australasian Joint Conference on Artificial Intelligence, 2011.

[25] Chen B L, Chen L, Chen Y X. Efficient ant colony optimization for image feature selection. Signal Processing, 2013, 93 (6): 1566-1576.

[26] Panda R, Naik M K, Panigrahi B K. Face recognition using bacterial foraging strategy. Swarm and Evolutionary Computation, 2011, 1 (3): 138-146.

[27] 王献东. 基于群体智能的真假肺结节分类算法研究与实现. 沈阳: 东北大学, 2012.

[28] Mlakar U, Fister I, Brest J, et al. Multi-objective differential evolution for feature selection in facial expression recognition systems. Expert Systems with Applications, 2017, 89: 129-137.

[29] Wang H, Jing X J, Niu B. A discrete bacterial algorithm for feature selection in classification of microarray gene expression cancer data. Knowledge-Based Systems, 2017, 126: 8-19.

[30] Hu M K. Visual pattern recognition by moment invariants. IRE Transactions on Information Theory, 1962, 8 (2): 179-187.

[31] Haralick R M, Shanmugam K, Dinstein I. Textural features for image classification. IEEE Transactions on Systems, Man, and Cybernetics, 1973, (6): 610-621.

[32] Niu B, Wang H. Bacterial colony optimization. Discrete Dynamics in Nature and Society, 2012, 2012: 1-28.

[33] Wang H, Tan L J, Niu B. Feature selection for classification of microarray gene expression cancers using bacterial colony optimization with multi-dimensional population. Swarm and Evolutionary Computation, 2019, 48: 172-181.

[34] Hall M A. Correlation-based feature selection for discrete and numeric class machine learning. 7th International Conference on Machine Learning (ICML 2000), 2000.

[35] Wang H, Jing X J, Niu B. Bacterial-inspired feature selection algorithm and its application in fault diagnosis of complex structures. IEEE Congress on Evolutionary Computation (CEC), 2016.

[36] Wang H, Jing X J, Niu B. A weighted bacterial colony optimization for feature selection. International Conference on Intelligent Computing, 2014.

第8章　新型菌群特征选择算法在故障检测领域的应用

故障检测和故障定位技术是确保可靠性的重要技术之一，对于以火车、发电厂和飞机为背景的安全相关过程而言尤其如此。在大型空间结构（large space structure，LSS）中，全身贴满传感器的方法不现实，也无法很好地实现对故障的准确检测和定位[1]。因此，传感器的正确放置可以有效提高故障检测的准确率。

根据线性独立目标模式分区的贡献度，有效独立（effective independence，EfI）法[1-4]是目前传感器优化布置中应用最广泛的方法之一。该方法的核心思想是尽可能保留对目标模态向量独立性贡献最大的测点，从而在传感器有限的情况下尽可能地得到更多的模态信息。然而，该方法存在所选测点模态应变能力不高的缺陷。为减少实际目标模态与估计目标模态之间的误差，有研究者提出了从候选对象中选择传感器的遗传算法[5]。事实证明，该算法明显优于 EfI 法，能够保证更加合理的测点空间分布和测试信息独立性、更好的模态矩阵性态、较优模态向量的可测性，以及较小的振型扩展误差。

随着传感器技术和传感器放置方法的不断进步，现有技术已经能够以低成本和高效率实现传感器网络的 LSS 故障检测。尽管如此，由于某些严苛的现实条件，目前故障检测技术的实用性仍比较弱[6]，如缺乏故障的先验知识、从正常操作条件收集的数据有限、对操作环境不熟悉（用于测量噪声）等。卫星处于遥远的空间，远距离无法触及导致故障检测成为一项艰巨的任务，因此，只能在发射新卫星之前，对卫星进行彻底的健康状况检测，以降低故障发生的概率。但是，卫星系统每次的测量成本都很高，所消耗的燃料成本和材料成本也很高，因此只能进行有限次的测试。更为重要的是，如果测量频率过高，系统可能会受到损坏。因此，如何开发一种只需要有限次数的系统测量，就可以实现对复杂结构的故障检测，避免因结构损伤造成的严重后果，成为故障检测领域的一大挑战。

本章将介绍一种基于虚拟梁的结构故障检测方法来实现对故障的检测和定位。在该方法中，菌群特征选择算法被用于优化传感器的布局，传感器链路选择的过程转化为特征选择的过程，最佳的特征组合即最佳传感器链路，通过捕获传感器链路对应的结构能量传输变化来实现对故障的检测和定位。

8.1 复杂航天器结构的故障检测问题

我们的研究重点在于对具有单个或多个故障的复杂结构的故障检测。例如，松开螺栓式悬挂在结构上的螺钉。以类似卫星的结构为例，如果发生多个故障，则故障部位可能在同一组件中[图 8-1（a）和图 8-1（b）]，也可能在不同组件中，详见图 8-1（c）。

(a) 卫星机体多个缺陷 　(b) 太阳能板上的多个故障 　(c) 机身和太阳能板上的多个故障

图 8-1　卫星结构上的多故障示例

第一种情况，如图 8-1（a）所示，在锥形接头与主体连接的相邻区域，发生了螺钉松动的故障。第二种情况，如图 8-1（b）所示，用两个松动螺钉将太阳能板固定在多个断层上，这些螺钉用于将太阳能板固定在坚硬的锥形接头上并进一步连接至主体。第三种情况，故障可能位于各个子结构中，如图 8-1（c）所示，主体存在一个故障，太阳能电池板存在另一个故障，假定两个故障相距很远，彼此之间几乎没有干扰。本章将对以上三种情况进行研究，并开发一种基于虚拟元素和特征表征的有效且易于处理的方法，用于传感器网络结构的一般故障检测。

用相同的输入来测量估计前后的数据集。从一开始，参考信号（数量有限）就是从系统的正常状态开始测量的。在同一输入下，当系统在不同时刻被激励时，将测量另一组称为诊断信号的振动信号。作为基准研究，对螺栓在相邻组件上的松动进行了研究，因为它经常发生在各种具有螺栓连接的子组件的悬挂结构中，并且可以轻松地作为实验研究来实施。

8.2　菌群特征选择算法在航天器结构的故障检测中的应用

本节将介绍一种基于虚拟梁结构（virtual beam-like structure，VBLS）的故障检测方法，利用第 5 章提出的菌群特征选择算法，自动地从传感器网络中选择虚拟梁（由传感器链组成）。

8.2.1　特征构建

振动系统测量的时域信号是高维数据，不能直接用于在线分析。考虑到在线状态监测系统及振动信号的非平稳和非线性特征，在这里我们仅将时域统计特征用于捕获振动信号的特征。文献[6]证明了三个敏感的时域统计特征可以有效地进行故障检测：crest factor、peak to peak 和 energy ratio。

（1）crest factor 用于测量峰值与 RMS（root mean square，均方根）值之比。它对波形的峰值幅度敏感，并且是描述低频信号的重要指标。其统计函数公式如下：

$$\max\{x(i)\} \times \left(n^{-1}\sum_{i=1}^{n}x(i)^2\right)^{-1/2} \tag{8-1}$$

其中，$x(i)$ 为信号 $X = [x(1), x(2), \cdots, x(n)]$ 的第 i 个采样点；n 为信号中的点数。作为一种条件度量指标，crest factor 用于指示存在相对少量的高振幅峰或极端峰。

（2）peak to peak 反映信号的峰特征。这些峰特征可用于检测各种应用中的峰模型。其统计公式如下：

$$\max(x(i)) - \min(x(i)) \tag{8-2}$$

（3）energy ratio 是一种众所周知的能量特征，已广泛应用于分类中的特征提取，以捕获信号模式的变化：

$$\left(n^{-1}\sum_{i=1}^{n}(d(i)-\overline{d})^2\right)^{1/2} \times \left(n^{-1}\sum_{i=1}^{n}(x(i)-\overline{x})^2\right)^{-1/2} \tag{8-3}$$

其中，$d(i)$ 为相邻元素 $x(i+1)$ 和 $x(i)$ 之间的差。具体来说，$\mathrm{diff}(X) = [x(2) - x(1), x(3) - x(2), \cdots, x(n) - x(n-1)]$。$\overline{d}$ 为 $d(i)$ 的平均值。

8.2.2　故障评价准则

1. 基于统计参数的阈值评价准则

针对严苛条件下先验知识不足的问题，本节引入了 t 统计检验，从统计表中列出的 p 值，可以获得与统计测试相关的阈值。根据两个数据集之间的差异敏感性，本书将当前诊断特征的信号与一个或多个健康信号（在系统健康状态下测得的信号）进行比较，以监视系统的健康状况。在统计测试中，假设 $F_1(x)$ 是目标分布，$F_2(x)$ 是参考分布。零假设 H_0 是两个样本来自相同的分布，否则零假设不被接受。可以表述如下：

$$H_0: F_1(x) = F_2(x), \quad H_1: F_1(x) \neq F_2(x)$$

用 p 值来衡量参考信号的分布与诊断信号不同的概率，当 $p \leqslant 5\%$ 时，拒绝 H_0（这一点已被广泛接受），否则，原假设不能被拒绝。t 检验和相关的非参数检验经常用于故障检测，通过比较两个数据集或两个分布（在同一系统上重复测量获得）的差异进行判断。常用的非参数检验包括 Wilcoxon signed rank 检验（或 Wilcoxon matched pairs 检验）、rank sum 检验、Kolmogorov-Smirnov（K-S）检验、Kruskal-Wallis 检验和 Friedman 检验。最后两个检验不适用于我们的应用，因为 Kruskal-Wallis 检验仅比较三个或更多不匹配的组，而 Friedman 检验则比较三个或更多匹配或成对的组。尽管没有明确的标准规定如何选择适合我们应用的检验方法，但在极端异常的情况下，建议不要使用配对算法。因此，本书将独立的 t 检验、rank sum 检验和 K-S 检验与自适应阈值相结合以进行故障检测。其中任何一个检测到异常状态，则怀疑为异常状态。

2. 基于故障指示器的自适应阈值评价准则

为了测量参考信号和诊断信号之间的相似性，采用文献[6]中的相对指标偏差比（Re_Dev）作为故障检测的指标。实践证明，评估系统前后两个信号的整体相对差异是有效的。定义如下：

$$\text{Re\_Dev}(A_s^n, A_s^{\text{diag}}) = \frac{1}{M} \sum_{n_i=1}^{M} \frac{\text{IDev}(A_s^{n_i}, A_s^{\text{diag}})}{\sum_{n_j=1}^{M} \text{IDev}(A_s^{n_i}, A_s^{n_j}) / M} \tag{8-4}$$

$$\text{IDev}(A_s^{n_i}, A_s^{\text{diag}}) = \frac{\sum_k (S_{n_i}^k - S_{\text{diag}}^k)^2}{\sum_k (S_{n_i}^k - \overline{S_n}^k)^2} \tag{8-5}$$

$$S_{n_i}^k = \frac{X_{n_i}^k}{B_{n_i}^k}, \quad S_{\text{diag}}^k = \frac{X_{\text{diag}}^k}{B_{\text{diag}}^k}, \quad \overline{S_n}^k = \frac{\overline{X_n}^k}{\overline{B_n}^k}$$

其中，$B_{n_i} = [B_{n_i}^1, B_{n_i}^2, \cdots, B_{n_i}^N]$ 为无故障条件下获得的第 n_i 段时间序列数据的输入幅度；$\overline{S_n} = [\overline{S_n}^1, \overline{S_n}^2, \cdots, \overline{S_n}^N]$ 为输入幅度的平均值，即 $\overline{S_n}^k = M^{-1} \times \sum_{n_i=1}^{M} S_{n_i}^k$；$X_{n_i} = [X_{n_i}^1, \cdots, X_{n_i}^N]$（$n_i = 1, \cdots, M$）为传感器 A_s 在无故障的环境下获得的时域特征，$X_{n_i}^k$ 为第 k 个时间段的数据，N 为特征维度；$X_{\text{diag}} = [X_{\text{diag}}^1, \cdots, X_{\text{diag}}^N]$ 为需要诊断的时域特征信号；$\overline{X_n} = [\overline{X_n}^1, \cdots, \overline{X_n}^N]$ 为无故障环境下的平均时域特征，即 $\overline{X_n}^k = M^{-1} \times \sum_{n_i=1}^{M} X_{n_i}^k$；$M$ 值为无故障系统上获得的信号总数。

假定正常操作系统的可用数据中没有噪声信号和异常值，否则，为了减少干扰，应用 KNN 算法通过迭代过程消除异常值和噪声信号。相似地，基于式（8-4），可以提出一个用于故障检测的阈值，如下所示：

$$\min_{n_i}\{\text{IDev}(A_s^{n_i}, A_s^{\text{diag}})\} > u_{A_s^n} + k\sigma(A_s^n) \tag{8-6}$$

$$u_{A_s^n} = \frac{1}{M(M-1)}\sum_{i,j=1}^{M}\text{IDev}(A_s^{n_i}, A_s^{n_j})$$

其中，k 为比例因子；$u_{A_s^n}$ 为 IDev 的平均值；$\sigma(A_s^n)$ 为故障指示的标准差。因此，$u_{A_s^n} + k\sigma(A_s^n)$ 是故障检测的基本阈值，k 值应该合理调整以确保分类的准确性。值太大可能会导致故障检测失败；而值太小则可能会导致系统频繁发出异常警报，尽管系统可能处于健康状态。鉴于本书中实验监测的应用，调谐值的范围是 0.5 到 2，即 $k = 0.5 + 1.5e^{-M/100}$。为了定义阈值，k 值随着先前收集的信号数量的增加而减小。监视系统时，可能会以一致的方式收集观察结果。如果有数据重复测试并保存了，那么阈值应随时间变化进行合理调整。

3. 基于混合策略的故障检查方法

本书采用基于故障指示器的阈值方法与统计参数阈值相结合的故障决策方法。如果从正常操作系统中收集的信号数量未超过预期（本书中超过六个组），则将基于故障指示器的阈值方法和统计参数阈值都用于故障检测。这两种方法中的任何一种检测到故障，都怀疑是异常系统。

8.2.3　基于虚拟梁的优化模型

虚拟梁的概念来源于一种启发[7]，即梁状结构是各种复杂结构系统中的基本结构组件。在结构中输入适当的激励，从振动源到结构其他地方的能量传递路径可以被视为虚拟梁。在该虚拟梁上，若某些组件出现故障，则对应位置传递的能量强度将发生变化，这种变化的能量转换路径可用于故障检测和定位。为了将虚拟梁状结构应用于故障检测，本节将构建一个基于虚拟梁的优化模型。基于该模型，新型菌群特征选择算法可以从合适的传感器网络中选择基于传感器的链，即虚拟梁。

假设 $[A_1, A_2, \cdots, A_D]$ 为传感器链路，是由优化模型从传感器网络中自动选择的，用来判断结构的健康状态，D 代表组成虚拟梁的传感器的个数。具体的优化模型为[6]

$$\text{Max Fitness} = \sum_{s=1}^{N}\frac{\alpha_{A_s}}{M}\sum_{n_i=1}^{M}\text{Re\_Dev}(X_{A_s^{n_i}}, X_{A_s^{\text{diag}}}) \Big/ \sum_{s=1}^{N-1}\alpha_{A_s}\alpha_{A_{s+1}}\beta_s\text{Dis}(A_s, A_{s+1})$$

$$\alpha_{A_s} = \begin{cases} 1, & \text{传感器}A_s\text{被选择} \\ 0, & \text{其他} \end{cases} \tag{8-7}$$

s.t.

$$\sum_{s=1}^{N} \alpha_{A_s} \leqslant D \qquad (8\text{-}8)$$

$$\sum_{k=1}^{R} \alpha_{A_{r_k}} \leqslant \max_{\text{row}} \qquad (8\text{-}9)$$

$$|\alpha_{A_{r_k c_v}} \times v - \alpha_{A_{r_k c_j}} \times j| \leqslant 1, \quad k=1,\cdots,R, \quad v=1,\cdots,C, \quad j=1,\cdots,C \qquad (8\text{-}10)$$

$$\sum_{k=1}^{R} \sum_{v=1}^{C} r_k c_v = N \qquad (8\text{-}11)$$

$$\sum_{s=1}^{M} \gamma_{A_s} \geqslant \text{Err}_{\text{num}}, \quad \gamma_{A_s} = \begin{cases} 1, & \min_{n_i} \{ \text{Re\_Dev}(X_{A_s^{n_i}}, X_{A_s^{\text{diag}}}) \} > T \\ 0, & \min_{n_i} \{ \text{Re\_Dev}(X_{A_s^{n_i}}, X_{A_s^{\text{diag}}}) \} \leqslant T \end{cases} \qquad (8\text{-}12)$$

其中，A_s 为第 s 个传感器；A_s^n 为传感器 A_s 放置在一个健康状态的系统上。对应地，A_s^{diag} 为相同的传感器放置在健康状态未知的系统中；β_s 为两个被选中的传感器 A_s 和 $A_{(s+1)}$ 之间相对距离的权重系数，并且这两个传感器在虚拟梁上是邻居关系；$\text{Dis}(A_s, A_{(s+1)})$ 为两个传感器之间的欧氏距离。传感器网络被划分为 R 行 C 列，$A_{r_k c_v}$ 为传感器位于传感器网络中的第 r_k 行第 c_v 列。传感器网络中的传感器总数为 H，即 $R \times C = H$。

8.2.4　故障定位准则

虚拟梁可以通过菌群特征选择算法自动构建，并通过沿着能量传输路径放置在结构中的传感器链进行标记。下一步是根据梁状结构确定故障的位置，这种用于故障定位的梁状结构方法总结如下。

（1）如果故障发生在振动源附近，虚拟梁上几乎所有的传感器都会发出预警，且相对指标偏差比 Re_Dev 较大。

（2）如果故障程度相同，离振动源越远的故障产生的预警信号越弱，即相对指标偏差比 Re_Dev 越小。

（3）故障会导致靠近故障或传输路径后面的传感器中的相对指标偏差比 Re_Dev 更大。

（4）如果故障位于远离振动源的位置，则靠近振动源的传感器将无法检测到该故障。

图 8-2 显示了一些使用虚拟梁进行故障定位的典型示例。从传感器网络中选择了四个传感器（即 $A1$ 至 $A4$）来构建虚拟梁。在此，为了方便起见，假定这四个

传感器均指示系统异常，尽管这不是最佳虚拟梁的要求。能量传输路径是从传感器 A1 到传感器 A4，该路径上两个相邻的传感器也是该结构上的邻居。

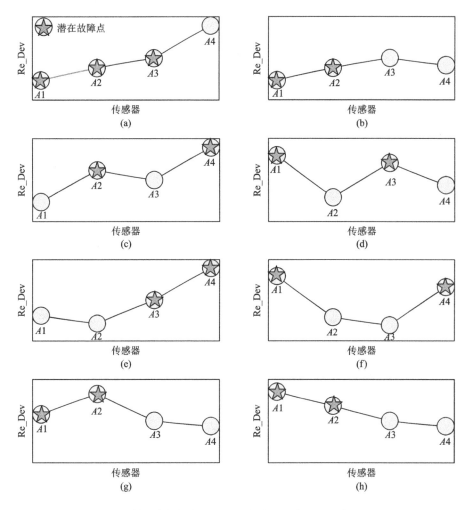

图 8-2　基于虚拟梁的 Re_Dev 值进行故障定位的典型示例

能量传输路径是 A1—A2—A3—A4，且该路径上每两个相邻的传感器在结构上都作为相邻对象定位

第一传感器 A1 更靠近振动源，传感器 A1 周围发生的故障将在传输路径完成之后给传感器带来更大的 Re_Dev 值，如图 8-2（a）、图 8-2（b）和图 8-2（g）所示。信号也可能受噪声或其他意外因素的影响，这些因素可能带来某个传感器的 Re_Dev 值偏大或偏小，如图 8-2（f）所示。如果故障定位在图 8-2 中突出显示的传感器节点的覆盖区域（region of coverage，ROC）内，则可能是潜在故障。

8.2.5　基于菌群特征选择算法的故障检测

基于菌群特征选择算法的故障检测用于选择最佳的传感器链路，以构建用于故障检测的有效虚拟梁。用于虚拟梁构建的伪代码如下所示。

伪代码1：构建虚拟梁
01　输入：基于特征定义的公式，求解参数 Re_Dev 和 IDev 的值；max_{row} 用于检测故障至少需要的传感器数量；Err_{num} 用于构建虚拟梁所需的传感器个数：D
02　初始化：Pop，$T1$，$T2$，$T3$，C，Max_iteration
03　如果 约束条件式（8-12）被满足或异常状态被统计量检测到
04　　执行
05　　适应值评估：构建适应值函数，参考式（8-7）
06　　计算所有细菌个体的适应值，并定义 Current_iteration = 0
07　　优化过程：
08　　如果：Current_iteration＜Max_iteration
09　　　Current_iteration = Current_iteration + 1；
10　　　获取个体最优 Pbest 和群体最优 Gbest　　//Pbest and Gbest are the best position of the individual and the group，respectively
11　　　对每一个细菌个体执行（**For**）
12　　　前进（Running）：更新细菌个体的位置
13　　　获取适应值 f，并与历史的适应值 Fit 进行比较
14　　　如果 Fit＜f（假设目标是求解最小值）
15　　　　翻转（Tumbling）：更新细菌个体的位置
16　　　结束（如果）
17　　　用式（5-4）和式（5-5）更新权重系数 W 和 Arc
18　　　结束循环（**For**）
19　　　对每一个细菌个体执行（**For**）
20　　　用式（5-4）更新权重系数 W
21　　　如果 Current_iteration＞Max_iteration/2 且 Gbest 在连续 $T1$ 次迭代中未更新
22　　　　繁殖：参考 BFO 算法的繁殖操作
23　　　结束（如果）
24　　　如果 Current_iteration＞Max_iteration/2 且 Gbest 在连续 $T2$ 次迭代中未更新
25　　　　迁移或死亡：参考 BFO 算法的相应操作
26　　　结束（如果）
27　　　如果 Current_iteration＞Max_iteration/2 且 Gbest 在连续 $T3$ 次迭代中未更新
28　　　　提前结束　　// 结束优化过程
29　　　结束（如果）
30　　　结束循环（**For**）
31　　结束（如果）// 结束优化过程
32　输出：细菌寻优获取的最好位置对应的每一个维度即为选取的传感器，将其组合在一起即为传感器链路或虚拟梁

8.2.6　基于菌群特征选择算法的单故障检测实验测试

螺栓松动是卫星上常见的故障，本节以航天器结构的太阳能电池板和车身为例，阐述菌群特征选择算法在传感器网络上选择虚拟梁（由传感器链路组成）的过程和原理，以实现故障检测的目的。在我们的研究中，传感器链路被视为虚拟梁，由四个传感器（$D=4$）组成，用于初始化 BAFS 中的维度（D）。带有异常信号的传感器的最小数量在两个复杂结构（即太阳能电池板和车身单元）中定义为 2（即 Err_num = 2）；在简单结构（即天线）中定义为 1。优化方法中其余参数的初始化方法与特征选择过程中的初始化方法相同。根据正常情况下的先验信息，每个故障检测传感器的阈值由 T 确定，统计测试的 p 值为 0.05（即 95% 的机密范围）。

在不要求故障先验知识的无模型定位方法中，二元估计法因简单、低成本和容错等特性被广泛应用。文献 [8] 对常用的二元估计法如容错最大似然（fault tolerant maximum likelihood，FTML）法、质心估计（centroid estimation，CE）法、最大似然（maximum likelihood，ML）法和负减正加（subtract on negative add on positive，SNAP）法[9] 进行了比较，在准确性和计算复杂度方面，SNAP 法表现最优。因此，本节将对 VBLS 方法与 SNAP 方法进行比较。

1. 太阳能电池板结构的故障检测

如图 8-3 所示，太阳能电池板是类似卫星的模型中的典型悬挂结构，主要研究分布在太阳能电池板上的传感器以监视此子结构的健康状况。本实验测量的信

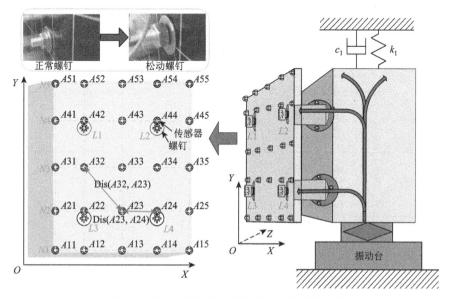

图 8-3　位于太阳能电池板结构上的传感器网络

号来自松动的螺钉，使用了一个松开螺钉，即松开螺钉 $L2$ 或松开螺钉 $L4$ 从故障系统中测量诊断信号。

表 8-1 给出了通过 VBLS 方法获得的虚拟梁（即传感器链路），以及满足式（8-12）约束条件的两个特征（即 peak to peak 和 energy ratio）对应的 IDev 和 Re_Dev 值。图 8-4（b）和图 8-5（b）显示了虚拟梁在传感器网络中所处的位置。VBLS 方法中，故障所在位置已经显示在图 8-4（d）和图 8-5（d）中。

表 8-1 最佳虚拟梁上的特征值（$L2$ 和 $L4$ 螺钉松动）

统计特征	$L2$ 松动			
	VBLS	IDev（健康状态）	IDev（待诊断状态）	Re_Dev
peak to peak	$A45$	0.1750±0.1297	3.6026±2.4374	20.5870
	$A55$	0.0733±0.0604	7.7350±2.8478	29.4732
	$A54$	0.1378±0.1046	1.0908±0.5258	7.9151
	$A53$	0.2010±0.1393	5.4318±1.8984	27.0194
energy ratio	$A45$	0.0910±0.0743	5.6291±1.8934	61.8600
	$A55$	0.0733±0.0604	7.7350±2.8478	105.5254
	$A54$	0.0579±0.0346	1.0333±0.8878	17.8584
	$A53$	0.0659±0.0524	8.3404±2.4909	126.5724

统计特征	$L4$ 松动			
	VBLS	IDev（健康状态）	IDev（待诊断状态）	Re_Dev
peak to peak	$A35$	0.0877±0.0691	5.4717±2.1814	62.4085
	$A25$	0.0801±0.0664	4.3116±1.7888	53.8325
	$A24$	0.0607＋0.0382	3.9737±1.9708	65.4589
	$A14$	0.0649±0.0383	4.6388±2.0632	71.4539
energy ratio	$A24$	0.0806±0.0549	10.9196±6.7638	135.4077
	$A23$	0.0920±0.0641	9.9495±3.9524	108.0746
	$A33$	0.0563±0.0285	2.9290±0.8344	52.0444
	$A43$	0.0965±0.0961	23.1811±23.1811	240.1040

(a) 传感器网络中的预警点

(b) 虚拟梁

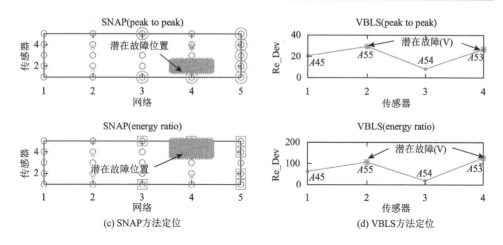

(c) SNAP方法定位　　　　　　　　　　(d) VBLS方法定位

图 8-4　螺钉 *L*2 松动时 VBLS 方法和 SNAP 方法对比

在 VBLS 方法定位图中，"○"表示无异常反馈的传感器；"□"表示存在异常反馈的传感器

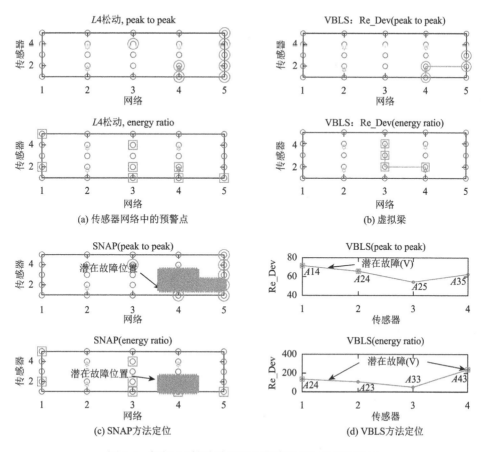

图 8-5　螺钉 *L*4 松动时 VBLS 方法和 SNAP 方法对比

在第一个诊断系统中，使用两个统计特征获得的虚拟梁相同：$A45—A55—A54—A53$。图 8-4（d）中 Re_Dev 的趋势与图 8-2（c）中的情况相似，因此潜在故障围绕传感器 $A55$ 和 $A53$。因此，潜在故障定位在螺钉 $L2$ 中，这与诊断系统的实际情况相同。同样，在第二个诊断系统中使用 VBLS 方法构造虚拟梁。基于图 8-5（d）中第二个虚拟梁的 Re_Dev 的趋势表明，潜在故障出在螺钉 $L4$（传感器 $A23$ 和 $A24$ 周围）或螺钉 $L2$（传感器 $A43$ 周围）中——见图 8-2（f）。基于图 8-5（d）中第一个虚拟梁的 Re_Dev 的趋势表明，参考图 8-2（h）的潜在故障是螺钉 $L4$（在传感器 $A14$ 和 $A24$ 周围），因此，使用以上方法隔离了松动螺钉 $L4$。

当诊断系统分别遭受螺钉 $L2$ 和螺钉 $L4$ 的松动时，预警传感器的分布如图 8-4（a）和图 8-5（a）所示。根据预警传感器的分布，通过 SNAP 方法检测到的潜在故障的位置被隔离并在图 8-4（c）和图 8-5（c）中突出显示。根据 SNAP 方法，指示异常状态的传感器主要位于太阳能电池板的右侧。如图 8-4（c）所示，根据峰到峰确定该系统已被 $L4$ 故障困扰，但根据能量比检测到 $L2$ 故障。因此，可能难以区分位于 $L2$ 和 $L4$ 中的故障，从而为进一步的仔细研究提供了更大的潜在故障区域。在第二个诊断系统中[图 8-5（c）]由于预警传感器主要位于 $L4$ 附近，因此两个特征代表都隔离了 $L4$ 故障。因此，采用 SNAP 方法对第二个诊断系统进行故障判定，定位的松动螺钉是在 $L4$ 处。

与 SNAP 方法相比，VBLS 方法为故障定位提供了更准确的指示，并缩小了潜在故障区域，从而更有效地隔离了太阳能电池板上的松动螺钉。

2. 车身主体结构的故障检测

如图 8-6 所示，与太阳能电池板相比，类卫星模型的主体更加复杂，四个锥形连接器底部的螺钉是将太阳能电池板连接到主体的唯一工具。因此，这些螺钉松动会导致相当严重的安全问题，需要尽早检测和隔离。

由于存在多个相邻的子结构，因此用于主体故障检测的加速度器来自多个子网。如图 8-6 所示，分配给四个锥形连接器的传感器 $A22$、$A24$、$A42$ 和 $A44$ 位于相邻子结构（主体单元和锥形连接器）的相交处，可使用 VBLS 方法来构造最佳虚拟梁。传感器均匀分布在主体上（5×5），$P1$、$P2$、$P3$ 和 $P4$ 这四个位置经常遭受螺钉松动的困扰。因此，当每个诊断信号是由一个松动螺钉[如 $P1$（或 $P2$、$P3$、$P4$）上的一个松动螺钉]引起的时，需要对诊断信号进行测量。

表 8-2 给出了使用 VBLS 方法获得的最佳虚拟梁对应传感器的 IDev 和 Re_Dev 值。基于式（8-12），当系统存在 $P2$ 位置和 $P4$ 位置故障时，energy ratio 能够有效地检测出故障。当主体遭受 $P1$ 和 $P2$ 故障时，Re_Dev 值在表 8-2 已给出，并在图 8-7 和图 8-8 中显示。

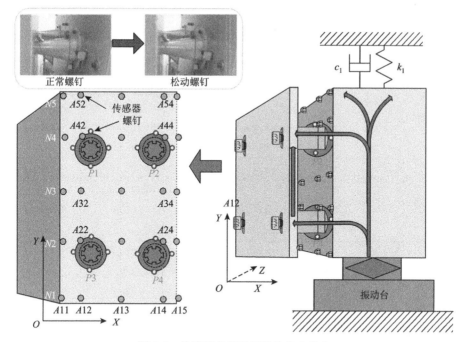

图 8-6　传感器在类卫星结构的主体上

四个区域（即 $P1$、$P2$、$P3$ 和 $P4$）经常遭受螺钉松动的困扰

表 8-2　最佳虚拟梁上的特征值（$P1\sim P4$ 位置故障）

统计特征	$P1$ 故障			
	VBLS	IDev（健康状态）	IDev（待诊断状态）	Re_Dev
peak to peak	$A22$	0.0171±0.0153	0.0699±0.0365	2.1744
	$A32$	0.1084±0.1304	0.2356±0.1937	4.0928
	$A42$	0.0088±0.0073	0.0755±0.0229	8.5735
	$A52$	0.0310±0.0269	0.3838±0.0834	12.3835
energy ratio	$A41$	0.0211±0.0157	0.2008±0.0567	9.5137
	$A51$	0.0237±0.0158	0.2397±0.1191	13.2868
	$A52$	0.0060±0.0030	0.2427±0.0549	40.3969
	$A42$	0.0620±0.0614	0.8238±0.2653	10.1163
统计特征	$P2$ 故障			
	VBLS	IDev（健康状态）	IDev（待诊断状态）	Re_Dev
energy ratio	$A24$	0.0581±0.0434	0.4232±0.1662	7.2870
	$A34$	0.0967±0.0665	0.5952±0.0903	6.1519
	$A44$	0.0919±0.0796	1.1293±0.1430	12.2862
	$A54$	0.1140±0.0834	1.6128±0.2069	14.1411

续表

统计特征	P3 故障			
	VBLS	IDev（健康状态）	IDev（待诊断状态）	Re_Dev
crest factor	$A12$	0.1378 ± 0.1307	0.7181 ± 0.3769	5.2118
	$A22$	0.0731 ± 0.0695	0.7341 ± 0.3300	10.0403
	$A32$	0.1633 ± 0.1250	0.5403 ± 0.2106	3.3096
	$A42$	0.0897 ± 0.0774	0.8181 ± 0.4341	9.1219
peak to peak	$A22$	0.0666 ± 0.0399	0.6482 ± 0.2195	9.7384
	$A32$	0.1579 ± 0.1310	1.1124 ± 0.6299	7.0446
	$A42$	0.0673 ± 0.0440	0.6619 ± 0.2356	9.8287
	$A52$	0.2250 ± 0.1828	1.7278 ± 0.7503	7.6788
energy ratio	$A22$	0.0862 ± 0.1289	1.0500 ± 0.5418	12.1821
	$A32$	0.3204 ± 0.2403	2.3689 ± 1.7827	7.3931
	$A42$	0.0807 ± 0.0983	1.1618 ± 0.6217	14.3971
	$A52$	0.0987 ± 0.0710	1.5787 ± 1.1465	15.9921

统计特征	P4 故障			
	VBLS	IDev（健康状态）	IDev（待诊断状态）	Re_Dev
energy ratio	$A24$	0.0581 ± 0.0434	0.6518 ± 0.1090	11.2240
	$A25$	0.0468 ± 0.0374	0.1695 ± 0.0943	3.6236
	$A35$	0.0343 ± 0.0284	0.2895 ± 0.1099	8.4406
	$A45$	0.0283 ± 0.0156	0.1030 ± 0.0549	3.6396

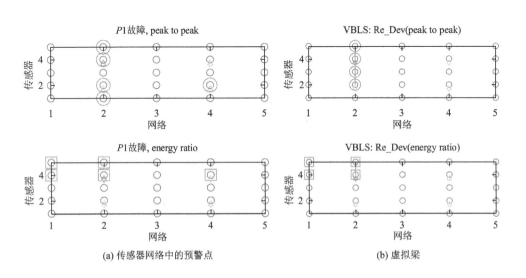

(a) 传感器网络中的预警点　　　　　　　　　　　　(b) 虚拟梁

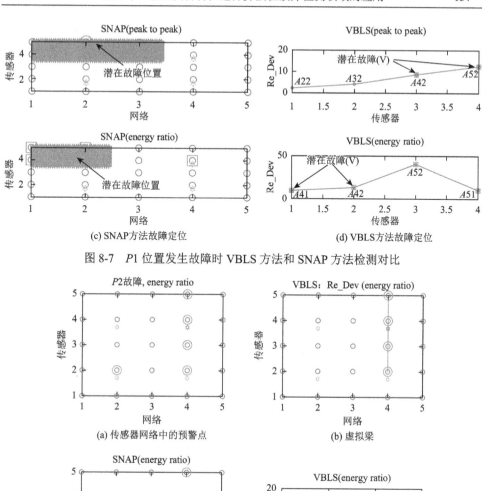

(c) SNAP方法故障定位　　　　　　　　(d) VBLS方法故障定位

图 8-7　P1 位置发生故障时 VBLS 方法和 SNAP 方法检测对比

(a) 传感器网络中的预警点　　　　　　　　(b) 虚拟梁

(c) SNAP方法故障定位　　　　　　　　(d) VBLS方法故障定位

图 8-8　P2 位置发生故障时 VBLS 方法和 SNAP 方法检测对比

如图 8-7 所示，使用两个特征获得了两个虚拟梁：$A22$—$A32$—$A42$—$A52$ 和 $A41$—$A42$—$A52$—$A51$。由于在第一个虚拟梁上只有两个预警传感器（传感器 $A42$ 和 $A52$），因此基于第一个虚拟梁的潜在故障位于传感器 $A42$ 和 $A52$ 周围，即故障 $P1$。如图 8-2（b）所示，基于第二个虚拟梁的故障指示，潜在故障位于传感器 $A41$ 和 $A42$ 周围。因此，基于 VBLS 方法检测的故障位于 $P1$。根据预警传感器的响应，由 SNAP 方法隔离的潜在故障位置在图 8-7（c）中突出显示，表明潜在故障位于 $P1$。以上两种方法都可以正确检测出从 $P1$ 故障系统测得的诊断信号。

当 $P2$ 位置存在故障时，VBLS 方法可以正确检测并定位故障。如图 8-8 所示，VBLS 方法优化获得一个虚拟梁。根据图 8-2（e），由传感器链 $A24$—$A34$—$A44$—$A54$ 组成的虚拟梁检测并隔离了 $P2$ 故障。但是，当使用 SNAP 方法时，找到了令人困惑的不同位置的故障定位。另外，预警传感器主要位于传感器 $A22$ 以外的第四列。由于传感器 $A22$ 的分布，SNAP 方法无法直接识别 $P2$ 的位置。显然，VBLS 方法在定位故障 $P2$ 时更有效，因为虚拟梁的构造不仅考虑了指示故障系统的传感器（具有大的故障指示器），而且考虑了传感器在结构上的相对位置。

如图 8-9（a）所示，当主体遭受 $P3$ 位置的故障时，预警传感器主要位于传感器网络的第二列，这是在梁状结构中发现的典型情况。根据第一个虚拟梁（即 $A12$—$A22$—$A32$—$A42$），基于传感器链的故障指示趋势图图 8-2（g），故障应该位于传感器 $A12$ 和 $A22$ 周围，即 $P3$ 故障。但是，基于预警传感器位置的 SNAP 方法无法区分 $P1$ 和 $P3$ 的故障。预警传感器分布在不同的位置，使得 SNAP 方法难以确定潜在故障的准确定位。

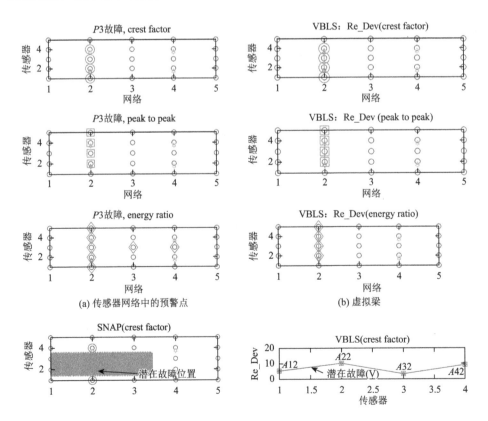

(a) 传感器网络中的预警点　　　　　　　　　　(b) 虚拟梁

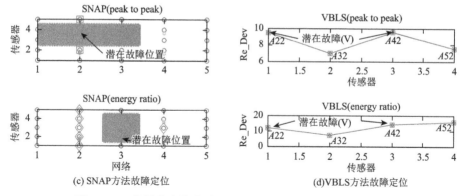

图 8-9　P3 位置发生故障时 VBLS 方法和 SNAP 方法检测对比

当系统遭受 P4 位置的故障时，使用 VBLS 方法获得了虚拟梁：A24—A25—A35—A45。根据图 8-2（d）中给出的故障定位方法，VBLS 方法很快将潜在故障定位在传感器 A24 和 A35 周围。考虑到位于第四行和第五行的传感器不是预警传感器，因此潜在故障不是 P2。故使用 VBLS 方法将故障隔离在 P4 附近。但是，SNAP 方法很难隔离故障 P4。如图 8-10（a）所示，有五个预警传感器可用，但

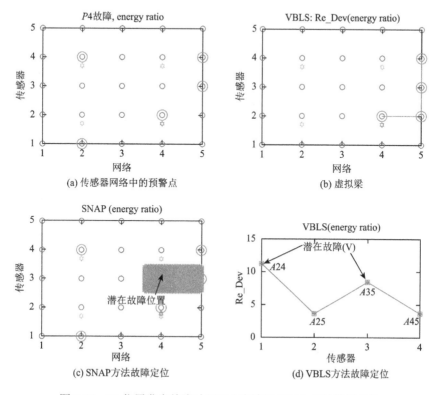

图 8-10　P4 位置发生故障时 VBLS 方法和 SNAP 方法检测对比

分布在不同的位置，潜在故障的位置位于 *P2* 和 *P4* 之间的区域。不考虑振动的传播路径和传感器的相对位置，使得 SNAP 方法对于故障定位的有效性降低。

8.3　本章小结

在振动能量传输路径上发生的故障，可通过该路径上传感器的响应来体现。基于该发现，本章介绍了 VBLS 方法。尽管结构中的振动能量传输非常复杂，但是基于新型菌群优化的特征选择算法可以根据传感器的响应及它们之间的相对位置，从网络中自动找到由振动传感器组成的振动传递路径。大量实验研究表明，VBLS 方法应用于复杂卫星状结构（如太阳能电池板、车身模块、带状天线）的故障检测的准确率非常高，与 SNAP 方法相比，已呈现出明显优势。本章仅介绍了利用 VBLS 方法选择虚拟梁解决单故障点问题的方法，该方法目前已经应用于多故障的检测和定位问题，详见文献[10, 11]。

参 考 文 献

[1]　Michaelides M P，Laoudias C，Panayiotou C G. Fault tolerant localization and tracking of multiple sources in WSNs using binary data. IEEE Transactions on Mobile Computing，2014，13（6）：1213-1227.

[2]　Kammer D C. Sensor placement for on-orbit modal identification and correlation of large space structures. American Control Conference，1990.

[3]　Jin S，Liu Y H，Lin Z Q. A Bayesian network approach for fixture fault diagnosis in launch of the assembly process. International Journal of Production Research，2012，50（23）：6655-6666.

[4]　Jin S，Yu K G，Lai X M，et al. Sensor placement strategy for fixture variation diagnosis of compliant sheet metal assembly process. Assembly Automation，2009，29（4）：358-363.

[5]　Yao L，Sethares W A，Kammer D C. Sensor placement for on-orbit modal identification via a genetic algorithm. AIAA Journal，1993，31（10）：1922-1928.

[6]　Wang H，Jing X J. A sensor network based virtual beam-like structure method for fault diagnosis and monitoring of complex structures with improved bacterial optimization. Mechanical Systems and Signal Processing，2017，84：15-38.

[7]　Wang H，Jing X J. Vibration signal-based fault diagnosis in complex structures：a beam-like structure approach. Structural Health Monitoring，2018，17（3）：472-493.

[8]　Michaelides M P，Panayiotou C G. Fault tolerant maximum likelihood event localization in sensor networks using binary data. IEEE Signal Processing Letters，2009，16（5）：406-409.

[9]　Michaelides M P，Panayiotou C G. SNAP：fault tolerant event location estimation in sensor networks using binary data. IEEE Transactions on Computers，2009，58（9）：1185-1197.

[10]　Wang H，Jing X J. Fault diagnosis of sensor networked structures with multiple faults using a virtual beam based approach. Journal of Sound and Vibration，2017，399：308-329.

[11]　Wang H，Jing X J. An optimized virtual beam-based event-oriented algorithm for multiple fault localization in vibrating structures. Nonlinear Dynamics，2018，91（4）：2293-2318.

第9章　新型菌群特征选择算法在基因表达数据分析中的应用

现代技术使科学家能够同时监视生物样品中数千种基因和蛋白质的功能，包括微阵列、蛋白质组学、脑图像等数据。微阵列数据集包含了从相对较少的生物组织样本中收集的数千个特征或基因表达，然而，这些高维数据中包含许多不相关和冗余的特征，给数据分析带来了不便，无论是数据挖掘算法的准确性还是数据分析结果的有效性都因数据集的噪声产生了偏差[1]。为了解决这个问题，本章将重点介绍特征选择算法如何选择代表性最高的基因特征子集，提高分类准确率。最终根据问题给定的目标生成基因特征子集。

在本章中，我们针对医疗数据挖掘问题中的基因特征选择问题进行讲述，结合前面章节所介绍的新型菌群优化特征选择算法，给出两种适合解决基因特征选择问题的新策略，并展示其在公开数据集上的实验效果。

9.1　基因特征选择问题

遗传医学研究中，微阵列技术已经成为一种新兴的技术，研究人员应用该技术来研究生物组织中基因的表达水平，在疾病的预测和诊断方面有着广阔的应用前景。微阵列技术可以帮助生物研究人员在单个实验中检查多个基因的活性，获得有关细胞功能的重要信息并用于许多疾病的诊断[1]。然而，在微阵列技术中，基因表达数据一般都是高维度的，存在大量冗余和有噪声的特征，这些特征大部分与疾病的诊断、预测无关。此外，影响基因表达数据挖掘的另一个原因是该类数据普遍具有高"特征/样本"比率（即特征维度高但样本量很小）的问题。

特征选择是数据挖掘中至关重要的数据预处理技术，利用特征选择可以剔除冗余的特征、降低数据维度并减少噪声特征的干扰，从而获得精简的特征子集。通过筛选的特征子集再用于分类研究能够获得更高的分类准确率，同时也能节省计算成本。因此，为了克服基因表达数据的维度灾难，可以将特征选择算法应用于基因表达数据的处理分析。这样一来，既可以消除微阵列基因表达数据集中冗余的基因特征，又能寻找到高解释度和高代表性的基因特征组合，可以极大地提高疾病预测的准确率。

　　常见的特征选择算法在第 4 章中有所介绍，但针对生物医学领域的特征选择算法仍然需要与机器学习、数据挖掘等方法结合，然后做算法的改进和延伸，使之更适用于生物医学领域的问题场景。

9.2　基因特征选择的研究现状

　　如前所述，基因特征选择问题已成为医疗数据挖掘领域重要的研究方向。许多新型的特征选择算法已经被开发并应用于基因特征选择问题，且取得了不错的成效。近年来，数据挖掘和机器学习方法被广泛应用到基因特征选择及基因数据分析之中。监督学习方法中，具有标签的数据需要达到足够的数量才能获得满意的特征选择结果，为了克服基因特征选择问题中面临的样本量少的问题，可以引入最大间距准则。最大间距准则将"类间散布"和"类内散布"之间的迹线比率的计算转换为减法形式，再通过最大化类间散布/类内散布的比率来选择特征[2]。缺少标签信息的数据样本给后续的数据分析带来了极大的困难，一种有效的解决方法就是使用无监督学习进行特征选择。基于无监督学习的特征选择算法需要使用多种评价指标来评估特征之间的相关性。为此，近年来出现了许多新型的基于无监督学习的特征选择算法。例如，最小冗余频谱特征选择算法[3]、混合数据的无监督特征选择算法[4]、基于蚁群优化的无监督特征选择算法[5]。当处理部分标记的样本数据时，半监督学习方法展现了从未标记数据中选择特征的能力。例如，通过噪声敏感跟踪比率准则选择信息特征[6]。局部敏感判别特征选择算法尝试发现数据中的几何结构和判别结构，构造类内图和类间图，最后选择的特征集合均为图中的局部敏感判别特征[7]。

　　此外，有许多研究针对微阵列数据的特点，开发了许多有效的基因特征选择算法。针对微阵列数据的高"特征/样本"比率，Lee 等提出了一种新颖的多元特征排序方法，以提高基因选择的质量，并最终提高微阵列数据分类的准确性。该方法将相关性的正式定义嵌入马尔可夫毯（Markov blanket，MB）中，以创建新的特征排名方法，实验证明该方法可以有效地应用于高维微阵列数据[8]。Potharaju 和 Sreedevi 尝试在多个集群分布上，利用对称不确定性和多层感知器（multi-layer perceptron，MLP）引入分布式特征选择策略。每个集群都配备了有限的特征，在每个集群上均采用 MLP，并根据最高准确率和最低均方根差错率来指定主要集群作为特征子集[9]。

　　除了机器学习方法之外，基于生物启发式算法的特征选择算法同样被广泛应用于基因特征选择问题之中。基于飞蛾扑火算法，Laura 提出了将飞蛾扑火算法与互信息最大化（mutual information maximization，MIM）结合，以解决基因微阵列数据分类中的选择问题。具体地，基于 MIM 的预过滤技术可用于测量基因的相关性和冗余度，而改良的飞蛾扑火算法则用于基因特征子集的选择优化过程[10]。Rani 提出了将 ABC 算法应用于分析微阵列基因表达谱的特征选择问题，将 ABC 算法与 mRMR 准则结合，以从微阵列谱中选择信息丰富的基因。

9.3　新型菌群特征选择算法的基因特征选择应用

在第 5 章中介绍的新型菌群特征选择算法的基础上，本节将该新型菌群特征选择算法应用到基因特征选择问题上，验证该新型菌群特征选择算法在基因特征选择问题上的有效性。为解决基因特征选择问题，在特征权重策略及多维度种群策略的基础上，本节设计了用于基因特征选择的分类应用。多类微阵列基因表达癌症数据显著的特点就是具有大量的特征且特征/样本比率高。高的特征/样本比率意味着微阵列基因表达癌症数据具有大量特征，而样本数量却很少。为了解决与特征选择相关的组合问题，该应用采用具有多个维度的群体表示不同特征尺寸的子集。在第 5 章介绍的 BCO-MDP 算法中，菌群按部落分组。部落中特征子集的大小相等，同一部落内的特征子集的维度相同，但来自不同部落的特征子集的维度则不同，维数也不同。通过为菌群总体提供可能的最优解的贡献度及其部落的分类表现来确定这些特征，同时部落内部和部落之间的各种信息交流策略也可以提高收敛速度。

9.3.1　实验设计

（1）对比算法：基于 11 个常用的基因表达数据集，本节引入了一系列典型的特征选择算法，来验证所提出的 BCO-MDP 算法解决特征选择问题的有效性。

a. 与传统的特征选择算法比较。ALL：选择所有特征，没有特征选择过程。FCBF：fast correlation-based filter，快速相关性滤波算法。SFS：顺序前向选择方法与五种基于细菌的特征选择算法比较。BFO[11]：原始细菌觅食优化算法。BCON[12]：不使用权重策略的基于 BCO 的特征选择算法。BAFS[13]：基于细菌的特征选择算法。BIFS[14]：基于 BCO 的带轮盘赌策略的特征选择算法。BCO-W[15]：基于菌落优化的加权特征选择算法。

b. 与其他基于群体智能优化的特征选择算法比较。①DEFS 算法[16]：DEFS 中的搜索空间已被限制为预定义的大小，并且该算法已被证明比受约束的 GA、BPSO1、BPSO2 和 ANT 算法具有更好的性能。混合方法：信息增益（IG）-遗传算法（GA）[17]，即 IG-GA。它是一个两阶段方法，由滤波器和基于封装的方法组成，没有最大特征尺寸的限制。②IBPSO 的最新版本[18]。具有自由搜索空间的 PSO 的改进算法，已被证明在特征选择问题上是有效的。

（2）标准测试集和参数设计：如表 9-1 所示，我们在 11 个具有多种类别和不同特征尺寸的癌症基因表达数据集中验证 BCO-MDP 算法在基因表达数据分类中的效果。选择每组前 70%的样本进行训练，其余样本作为测试集，本书采用 $K=5$ 的 KNN 算法分类器来评估特征子集的分类效果。在解决特征选择问题时，最佳解决方案通常包含 1 个小数目的特征子集。当对 1000 个以上的特征进行分类时，不超过十分之一的特征可以达到相似或更高的分类准确率。当特征总数小于或等于 10 000 时，包含不超过 100 个特征的子集就可以实现很好的分类准确率[15-17, 19]。考虑到算法效率及计算复杂性，BCO-MDP 算法的最大维数为 50。因此，菌群规模为 100，最大迭代次数为 1000。为避免不公平的比较，该算法种群大小的设置和迭代与其他算法保持一致。此外，BCO-W、BIFS、BAFS、DEFS、IG-GA 和 IBPSO 的参数设置与参考文献[13-17]中的相同。

表 9-1　标准测试集（单位：个）

数据集	特征数	类别	样本数
9_Tumors	5 726	9	60
11_Tumors	12 533	11	174
14_Tumors	15 009	26	308
Brain_Tumor1	5 920	5	90
Brain_Tumor2	10 367	4	50
SRBCT	2 309	4	83
Leukemia1	5 328	3	72
Leukemia2	11 225	3	72
Prostate_Tumor	10 509	2	102
Lung_Cancer I	12 600	5	203
DLBCL	5 470	2	77

9.3.2　结果分析

表 9-2 和表 9-3 给出了不同算法重复执行 30 次以上所获得的平均分类准确率。"A_R"代表平均分类准确率，"F_no."代表达到相应准确率的平均特征数量，"T"代表每次运行在特征选择和分类过程上花费的平均计算时间，"—"

代表在整个优化过程中花费的计算时间不超过 1 分钟。具有最高分类准确率的结果以粗体突出显示。

表 9-2　BCO-MDP 算法的对比实验

数据集	指标	对比算法						
		ALL	SFS	FCBF	DEFS	IG-GA	IBPSO	BCO-MDP
9_Tumors （5 920）	A_R	0.424 1	0.451 9	0.466 7	**0.944 4**	0.850 0	0.783 3	**0.902 0**
	F_no./个	5 920	4.0	5 724	43.4	52	1 280	38.0
	T/分钟	—	26.1	—	150.6	237.3	1.1	16.3
11_Tumors （12 533）	A_R	0.728 8	0.692 3	0.758 8	0.952 1	0.925 3	0.931 0	**0.965 3**
	F_no./个	12 533	8.0	321.5	32.2	479	2 948	43.1
	T/分钟	—	59.1	—	290.1	404.5	3.2	28.1
14_Tumors （15 009）	A_R	0.572 3	0.404 5	0.524 8	0.712 6	0.652 6	0.665 6	**0.739 3**
	F_no./个	15 009	8.0	385.1	49.2	810	2 777	40.1
	T/分钟	—	56.4	—	410.8	531.1	6.8	20.8
Brain_ Tumor1 （5 920）	A_R	0.796 3	0.851 9	0.797 1	**1.000 0**	0.933 3	0.944 4	**1.000 0**
	F_no./个	5 920	3.0	36.5	11.6	244	754	13.0
	T/分钟	—	4.5	—	155.4	193.8	1.2	18.6
Brain_ Tumor2 （10 367）	A_R	0.720 0	0.714 3	0.564 7	**1.000 0**	0.880 0	0.940 0	**1.000 0**
	F_no./个	10 367	8.0	227.2	6.8	489	1 197	3.9
	T/分钟	—	2.7	—	170.7	393.8	—	17.9
SRBCT （2 309）	A_R	0.904 8	0.833 3	0.989 4	**1.000 0**	**1.000 0**	**1.000 0**	**1.000 0**
	F_no./个	2 309	8.1	98.6	6.7	56	431	31.3
	T/分钟	—	1.7	—	140.5	54.5	1.1	15.6
Leukemia1 （5 328）	A_R	0.952 4	0.904 8	**1.000 0**	**1.000 0**	**1.000 0**	**1.000 0**	**1.000 0**
	F_no./个	5 328	4.0	24.9	8.7	82	1 034	11.3
	T/分钟	—	3.1	—	150.1	169.1	—	16.1
Leukemia2 （11 225）	A_R	0.952 4	0.952 4	**1.000 0**	**1.000 0**	0.986 1	**1.000 0**	**1.000 0**
	F_no./个	11 225	5.0	57.3	5.2	782	1 292	5.2
	T/分钟	—	5.4	—	160.3	399.8	—	12.4
Prostate_T umor （10 509）	A_R	0.774 2	0.967 7	0.897 1	**1.000 0**	**1.000 0**	**1.000 0**	**1.000 0**
	F_no./个	10 509	4.0	87.7	6.3	107	1 042	21.0
	T/分钟	—	5.7	—	230.1	395.7	1.3	23.1

续表

数据集	指标	对比算法						
		ALL	SFS	FCBF	DEFS	IG-GA	IBPSO	BCO-MDP
Lung_ Cancer I (12 600)	A_R	0.934 4	0.940 6	0.954 2	**1.000 0**	0.955 7	0.965 5	**1.000 0**
	F_no./个	12 600	7.0	64.5	4.8	2 101	1 897	35
	T/分钟	—	19.4	—	290.3	405.3	3.4	27.3
DLBCL (5 470)	A_R	0.913 0	0.869 6	0.969 8	**1.000 0**	0.960 8	0.922 9	**1.000 0**
	F_no./个	5 470	3.0	48.1	9.2	343	1 294	8.2
	T/分钟	—	2.1	—	150.3	170.9	1.1	18.5

表 9-3 BCO-MDP 算法与其他基于菌群优化的特征选择算法的对比实验

数据集	指标	对比算法					
		BFO	BCON	BCO-W	BAFS	BIFS	BCO-MDP
9_Tumors (5 920)	A_R	0.600 4	0.684 4	0.852 2	0.766 0	0.722 2	**0.902 0**
	F_no./个	31.2	43.1	40.3	30.4	6.5	38.0
	T/分钟	300.7	150.5	149.3	100.8	150.5	16.3
11_Tumors (12 533)	A_R	0.707 6	0.845 1	0.853 8	0.898 0	0.894 2	**0.965 3**
	F_no./个	37.6	16.2	24.6	23.3	24.2	43.1
	T/分钟	650.8	250.2	200.3	200.7	200.2	28.1
14_Tumors (15 009)	A_R	0.487 6	0.617 9	0.667 4	0.610 1	0.578 6	**0.739 3**
	F_no./个	39.2	46.9	44.3	42.1	43.5	40.1
	T/分钟	720.5	300.6	300.1	250.4	200.3	20.8
Brain_ Tumor1 (5 920)	A_R	0.888 9	0.944 4	0.955 6	0.970 3	0.962 9	**1.000 0**
	F_no./个	26.4	49.1	23.1	22.3	23.5	13.0
	T/分钟	300.6	150.6	200.3	150.5	350.1	18.6
Brain_ Tumor2 (10 367)	A_R	0.982 5	**1.000 0**	**1.000 0**	0.985 7	**1.000 0**	**1.000 0**
	F_no./个	24.1	18.9	7.9	6.9	5.7	3.9
	T/分钟	550.9	6.1	3.8	1.1	23.7	17.9
SRBCT (2 309)	A_R	0.984 2	**1.000 0**	**1.000 0**	0.995 8	**1.000 0**	**1.000 0**
	F_no./个	38.5	13.4	8.2	9.5	7.9	31.3
	T/分钟	150.1	29.8	19.6	25.1	15.9	15.6
Leukemia1 (5 328)	A_R	0.933 3	**1.000 0**	**1.000 0**	**1.000 0**	**1.000 0**	**1.000 0**
	F_no./个	23.5	39.7	6.9	6.8	6.1	11.3
	T/分钟	300.3	11.1	16.3	14.4	17.4	16.1
Leukemia2 (11 225)	A_R	0.942 8	**1.000 0**	**1.000 0**	**1.000 0**	**1.000 0**	**1.000 0**
	F_no./个	32.1	10.6	4.1	9.4	3.8	5.2
	T/分钟	600.1	2.1	—	—	2.2	12.4

数据集	指标	对比算法					
		BFO	BCON	BCO-W	BAFS	BIFS	BCO-MDP
Prostate_ Tumor （10 509）	A_R	0.981 2	0.992 7	0.948 7	0.977 4	**1.000 0**	**1.000 0**
	F_no./个	29.3	30.6	6.7	5.9	5.8	21.0
	T/分钟	550.9	521.1	1.9	2.4	50.4	23.1
Lung_Cancer I （12 600）	A_R	0.941 2	0.951 0	0.983 6	0.970 4	**1.000 0**	**1.000 0**
	F_no./个	38.5	40.3	34.1	15.6	11.8	35
	T/分钟	650.9	662.6	250.3	200.1	350.2	27.3
DLBCL （5 470）	A_R	0.991 1	**1.000 0**	**1.000 0**	**1.000 0**	**1.000 0**	**1.000 0**
	F_no./个	6.7	6.1	8.4	9.7	5.0	8.2
	T/分钟	300.3	100.1	6.8	1.3	5.4	18.5

从表 9-2 中可以看出，使用所有特征进行分类的效果不如使用优化算法选择的特征子集的效果好，这意味着特征选择可以提高分类的性能。FCBF 算法是一种基于统计的滤波式算法，与其他基于封装的算法相比，它倾向于选择更多特征。作为经典的基于封装的算法，在某些情况下，与 FCBF 算法及基于群体的算法（如 IG-GA、DEFS 算法）相比，SFS 倾向于选择较少数量的特征。实验证明，与这两种特征选择算法相比，BCO-MDP 算法能够选择较少的特征实现所有数据集最高或相似的分类准确率。

如表 9-2 所示，在分类准确率方面，DEFS 算法和 BCO-MDP 算法优于其他算法。在将总体大小和迭代次数统一的情况下，DEFS 算法在分类效果上可以胜过 BCO-MDP 算法。但是，DEFS 算法的计算时间普遍是 BCO-MDP 算法的十倍以上。尽管 DEFS 算法中固定的特征尺寸能够大大提高搜索效率，但由于需要尝试适当的特征子集尺寸，因此会消耗更多的计算资源。相反，BCO-MDP 算法在寻找合适的特征子集尺寸时能够节省大量的计算成本。从表 9-2 中可以看出，在分类效率和特征子集数量方面，BCO-MDP 算法优于 IBPSO 算法和 IG-GA。与二进制 IBPSO 算法相比，BCO-MDP 算法能够在使用较少特征数的情况下实现更高的分类准确率。

表 9-3 将 BCO-MDP 算法与其他基于菌群优化的特征选择算法进行了比较：BFO、BCON、BCO-W、BAFS 和 BIFS 算法。通常，在分类准确率方面，使用某些学习策略（BCO-W、BAFS 和 BIFS）的基于菌群优化的特征选择算法的性能要优于原始算法（BFO、BCON）。然而，与消耗较低的计算成本的基于菌群优化的特征选择算法相比，本书所提出的 BCO-MDP 算法可以实现更高或相似的分类准确率。BFO 算法花费的优化时间普遍比 BCO 变体（如 BCO-W、BAFS 和 BIFS）更长，这是因为基于菌群优化的特征选择算法设计的跳出早熟策略可以使算法在

获得 100%准确率时终止。但是，如果不能达到 100%的准确率，那么这些算法所花费的计算成本将是 BCO-MDP 算法的八倍以上。通常，当总体大小为 100 且迭代次数为 1000 时，BCO-MDP 算法花费的计算时间更稳定且不超过 30 分钟。

尽管 BCO-MDP 算法是包含跳出早熟策略的 BCO 算法的变体，但在容易获得 100%准确率的数据集（Leukemia2 和 DLBCL）上测试时 BCO-MDP 算法所花费的平均计算时间可能比 BCO-W、BAFS、BIFS 算法更长，这是因为 BCO-MDP 算法的种群是具有多种维数的，它要求所有部落都达到 100%的准确率。实际上，当部落包含两个成员时，要从数千个候选特征中找到具有 5 个特征的适当子集并不容易。即使这样，BCO-MDP 算法仍可以提供特征子集，并且在大多数情况下可以以较小的计算成本实现较高的分类准确率。

图 9-1 显示了当涉及不同的特征子集数目时，基于菌群优化的特征选择算法的平均分类准确率对比。我们可以发现，分类准确率并不总是随着特征数量的增加而增加。在现实应用中无法获得最佳特征子集的大小时，通过开发具有多个维度的群体来实现对具有不同大小的特征子集的比较，可以极大地避免因每个维度过度拟合而导致的昂贵的计算成本。在 BCO-MDP 算法中，种群被划分为一系列的部落，部落之间存在维度上的差异，这样有助于选择大小不同的特征子集。由高维个体组成的部落可以从包含低维个体的部落中学习到一些特征的

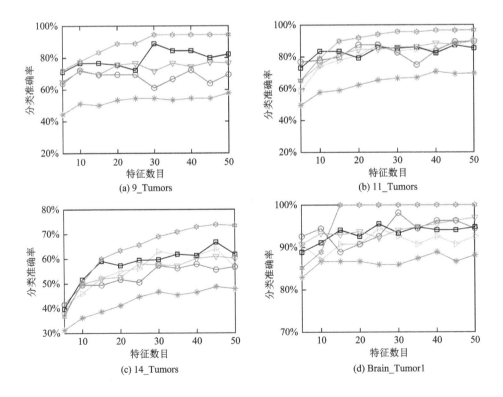

(a) 9_Tumors

(b) 11_Tumors

(c) 14_Tumors

(d) Brain_Tumor1

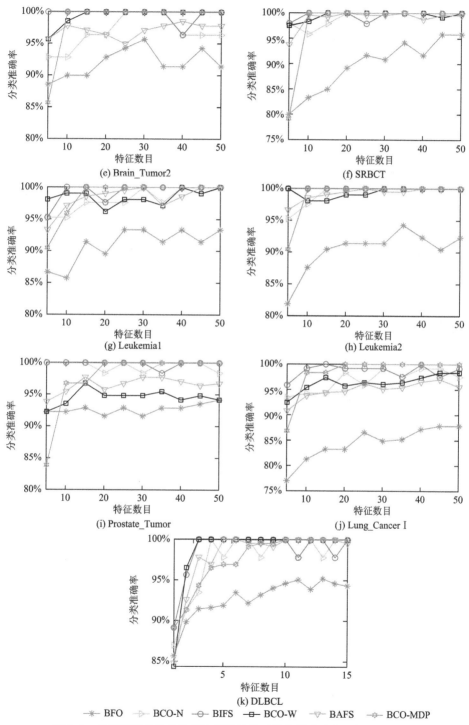

图 9-1 基于菌群优化的特征选择算法的平均分类准确率对比（30 次）

表现。因此，当在分类中使用更多特征时，BCO-MDP 算法可以实现更平滑的分类准确率。以 Leukemia2 数据集为例，当特征量超过 5 个时，该算法可以达到 100% 的分类准确率。

9.4　本章小结

本章在讲述菌群优化算法的特征权重策略和多维度种群策略的特征算法的基础上，针对基因特征选择问题，展示了 BCO-MDP 算法在公开标准数据集上的大量实验，用以说明基于菌群优化算法的两类特征选择策略在基因特征选择问题上的成功应用，且应用效果明显。

与给定所需子集大小的特征选择算法相比，BCO-MDP 算法在选择特征子集时更能满足实际应用所需，但需要消耗更多的计算成本。同样，与基于二进制的算法（如 IBPSO 算法）相比，BCO-MDP 算法可以选择更紧凑的特征子集，实现相似或更好的分类准确率。本书所提出的多维度种群策略的新颖性在于，用多维设计的总体可以更高效地解决特征选择问题。在相同总体中，通过比较和估计不同大小的特征子集的性能并选择最优的特征子集，可以降低计算复杂度。该算法不仅可以嵌入基于 BCO 算法的算法中，还可以在其他群体优化方法中实施，以实现和多种尺寸的特征子集的比较。

参 考 文 献

[1]　Hambali M A，Oladele T O，Adewole K S. Microarray cancer feature selection：review，challenges and research directions. International Journal of Cognitive Computing in Engineering，2020，1：78-97.

[2]　Li H F，Jiang T，Zhang K S. Efficient and robust feature extraction by maximum margin criterion. IEEE Transactions on Neural Networks，2006，17（1）：157-165.

[3]　Zhao Z，Liu H. Spectral feature selection for supervised and unsupervised learning//Ghahramani Z. Proceedings of the 24th International Conference on Machine Learning. New York：Association for Computing Machinery，2007：1151-1157.

[4]　Solorio-Fernández S，Martínez-Trinidad J F，Carrasco-Ochoa J A. A new unsupervised spectral feature selection method for mixed data：a filter approach. Pattern Recognition，2017，72：314-326.

[5]　Tabakhi S，Moradi P，Akhlaghian F. An unsupervised feature selection algorithm based on ant colony optimization. Engineering Applications of Artificial Intelligence，2014，32：112-123.

[6]　Liu Y，Nie F P，Wu J G，et al. Efficient semi-supervised feature selection with noise insensitive trace ratio criterion. Neurocomputing，2013，105：12-18.

[7]　Zhao J D，Lu K，He X F. Locality sensitive semi-supervised feature selection. Neurocomputing，2008，71（10/11/12）：1842-1849.

[8]　Lee J，Choi I Y，Jun C H. An efficient multivariate feature ranking method for gene selection in high-dimensional microarray data. Expert Systems with Applications，2021，166：113971.

[9]　Potharaju S P，Sreedevi M. Distributed feature selection（DFS）strategy for microarray gene expression data to improve the classification performance. Clinical Epidemiology and Global Health，2019，7（2）：171-176.

[10]　Dabba A，Tari A，Meftali S，et al. Gene selection and classification of microarray data method based on mutual information and moth flame algorithm. Expert Systems with Applications，2021，166：114012.

[11]　Passino K M. Biomimicry of bacterial foraging for distributed optimization and control. IEEE Control Systems Magazine，2002，22（3）：52-67.

[12]　Niu B，Fan Y，Wang H，et al. Novel bacterial foraging optimization with time-varying chemotaxis step. International Journal of Artificial Intelligence，2011，7（11 A）：257-273.

[13]　Wang H，Niu B. A novel bacterial algorithm with randomness control for feature selection in classification. Neurocomputing，2017，228：176-186.

[14]　Wang H，Jing X J，Niu B. Bacterial-inspired feature selection algorithm and its application in fault diagnosis of complex structures. IEEE Congress on Evolutionary Computation（CEC），2016.

[15]　Wang H，Jing X J，Niu B. A discrete bacterial algorithm for feature selection in classification of microarray gene expression cancer data. Knowledge-Based Systems，2017，126：8-19.

[16]　Khushaba R N，Al-Ani A，Al-Jumaily A. Feature subset selection using differential evolution and a statistical repair mechanism. Expert Systems with Applications，2011，38（9）：11515-11526.

[17]　Ni G X，Lin J H，Chiu P K Y，et al. Effect of strontium-containing hydroxyapatite bone cement on bone remodeling following hip replacement. Journal of Materials Science：Materials in Medicine，2010，21（1）：377-384.

[18]　Mirjalili S，Lewis A. S-shaped versus V-shaped transfer functions for binary particle swarm optimization. Swarm and Evolutionary Computation，2013，9：1-14.

[19]　Chuang L Y，Chang H W，Tu C J，et al. Improved binary PSO for feature selection using gene expression data. Computational Biology and Chemistry，2008，32（1）：29-38.

附　录

附录一　细菌觅食优化（BFO）算法的代码实现

```
% 输入参数说明：--------------------------------------------------------
% ******Fun：测试函数【需要用户提供】-------------------------------
% ******Dim：函数的维度--------------------------------------------
% ******DimUpp：搜索空间的上界------------------------------------
% ******DimLow：搜索空间的下界------------------------------------
% ******SS：细菌总量-----------------------------------------------
% ******Ned：驱散次数----------------------------------------------
% ******Nre：复制次数----------------------------------------------
% ******Nc：趋化次数-----------------------------------------------
% ******Csz：趋化步长(or run step length)-------------------------
% ******Ns：swimming 操作次数-------------------------------------
% ******Sr：拥有复制能力细菌的个数--------------------------------
% ******Ped：驱散概率----------------------------------------------
% ***注意：Swarming 机制一般情况下不会对其结果造成本质上的改进
% *********故在此程序中没有实现 Swarming 机制!--------------------
% ****************************************************************
function BFO(Fun,Dim,DimUpp,DimLow,SS,Ned,Nre,Nc,Csz,Ns,Sr,Ped)
    P=zeros(Dim,SS,Nc+1,Nre+1,Ned+1);         % 声明,用于存储细菌位置
    P(:,:,1,1,1)=rand(Dim,SS)*(DimUpp-DimLow)+DimLow;        % 
population 初始化
    C=zeros(SS,Nre);                          % 声明,用于存储趋化步长
    C(:,1)=Csz*ones(SS,1);                    % run step length 初始化
    J=zeros(SS,Nc,Nre,Ned);                   % 声明,用于存储 cost 值
    J(:,1,1,1)=feval(Fun,P(:,:,1,1,1));             % cost 初始化
    Delta=zeros(Dim,SS);                      % 声明并分配内存
    % --------------------------------------------------------------
    for ell=1:Ned              % Elimination-dispersal loop------
```

```
for k=1:Nre              % Reproduction loop---------------
    for j=1:Nc           % Chemotaxis(swim/tumble) loop------
        for i=1:SS       % For each bacterium----------
            J(i,j,k,ell)=feval(Fun,P(:,i,j,k,ell));
% 计算 cost 值
            Jcomp=J(i,j,k,ell);              % 用于比较
            Delta(:,i)=2*rand(Dim,1)-1;    % 初始化 Delta
            %*********************************************
            P(:,i,j+1,k,ell)=P(:,i,j,k,ell)+...
% 移动细菌的位置
                C(i,k)*Delta(:,i)/sqrt(Delta(:,i)'*Delta
(:,i));
            %*********************************************
            J(i,j+1,k,ell)=feval(Fun,P(:,i,j+1,k,ell));
% 计算 cost 值
            m=0;                            % swim 循环计数器
            % Swim loop----------------------------------
            while m<Ns
                m=m+1;                      % 迭代器累加
                if J(i,j+1,k,ell)<Jcomp     % 如果发现更
好的位置
                    Jcomp=J(i,j+1,k,ell);    % 存储其更好值
                    P(:,i,j+1,k,ell)=P(:,i,j+1,k,ell)+...
%移动细菌位置
                        C(i,k)*Delta(:,i)/sqrt(Delta(:,i)'
*Delta(:,i));
                        J(i,j+1,k,ell)=feval(Fun,P(:,i,j+1,
k,ell));
                else                    % 如果没有发现一个更好的位置
                    m=Ns;                   % 结束 swimming 循环
                end
            end % End swim loop-----------------------
        end % 结束个体的遍历-----------------------
    end % 结束趋化操作----------------------------
    % reproduction----------------------------------
```

```
        Jhe=sum(J(:,:,k,ell),2);                % 细菌健康值的计算
        [~,sortInd]=sort(Jhe);                  % 获取递增排序索引
        P(:,:,1,k+1,ell)=P(:,sortInd,Nc+1,k,ell);
% 对位置进行排序
        C(:,k+1)=C(sortInd,k);                  % 对趋化步长进行排序
        % split---------------------------------------------------
        for i=1:Sr
          P(:,i+Sr,1,k+1,ell)=P(:,i,1,k+1,ell);        % 对位
置进行分割复制
          C(i+Sr,k+1)=C(i,k+1);                 % 对趋化步长进行分割复制
        end
    end % 结束复制循环-------------------------------------------
    % Eliminate and disperse-------------------------------------
    for m=1:SS
      if Ped>rand           % 以 Ped 的概率对每个细菌进行重新初始化
      P(:,m,1,1,ell+1)=rand(Dim,1)*(DimUpp-DimLow)+DimLow;
      else                                      % 不进行驱散
      P(:,m,1,1,ell+1)=P(:,m,1,Nre+1,ell);
      end
    end % 结束驱散操作---------------------------------------------
  end % 结束驱散循环-----------------------------------------------
  % -------------------------------------------------------------
  % 所要输出的结果由用户决定---------------------------------------
% ---------------------------------------------------------------
end % 结束函数---------------------------------------------------
% ***************************************************************
```

附录二　新型细菌觅食优化（SiBFO）算法的代码实现

```
% ***************************************************************
% ***说明:此代码主要从算法结构的角度对 BFO 算法复杂的执行过程进行简化
% *****即:SiBFO 版本
% ***************************************************************
% 输入参数说明:
```

```
%       Fun:测试函数名（需要用户提供测试函数）
%       Dim:函数的维度
%       DimUpp:搜索空间的上界
%       DimLow:搜索空间的下界
%       TryTimes:运行总次数
%       MaxFEs:最大函数评估数
%       SS:细菌总数
%       Fre:每间隔 Fre 次 FE 迭代执行一次繁殖操作
%       Fed: 每间隔 Fed 次 FE 迭代执行一次驱散操作
%       Csz:趋化步长（or run step length）
%       Ns: swimming 次数
%       Sr: 拥有复制能力的细菌的个数
%       Ped: 驱散概率
% ****************************************************************
function SiBFO(Fun,Dim,DimUpp,DimLow,TryTimes,MaxFEs,SS,Fre,
Fed,Csz,Ns,Sr,Ped)
% ------------------------------------------------------------
  ticID=tic;                                  % 开始计时
  Process=zeros(TryTimes,MaxFEs);       % 存储搜索过程中的产生的
cost 数据
  Result=zeros(TryTimes,1);         % 存储每次实验所产生的最终结果
  % (实验循环)-------------------------------------------------
  for tryIter=1:TryTimes
    % -------------------------------------------------------
    P=DimLow+rand(Dim,SS)*(DimUpp-DimLow);      % 细菌人口初始化
    J=feval(Fun,P);                               % cost 求解
    C=Csz*ones(Dim,SS);                       % 趋化步长初始化设置
    Jt=J;                                   % 用于比较的临时变量
    % -------------------------------------------------------
    ChemIter=1;                               % 驱化迭代计数器
    while ChemIter<=MaxFEs
      % chemotaxis----------------------------------------
      Delta=2*rand(Dim,SS)-1;                     % random walk
      for st=1:SS
          P(:,st)=P(:,st)+C(:,st).*Delta(:,st); % 驱化操
```

作，移动细菌的位置

```
        J(1,st)=feval(Fun,P(:,st));              % cost 求解
        Process(tryIter,ChemIter)=J(1,st);
% 存储数据
        ChemIter=ChemIter+1;                    % 驱化迭代器累加
        % Swim------------------------------------------
        m=0;                                    % 前进操作迭代器
        while m<Ns
            if Jt(1,st)>J(1,st)                 % 如果获得更好的 cost
                Jt(1,st)=J(1,st);
% 沿着有利的方向继续移动
                P(:,st)=P(:,st)+C(:,st).*Delta(:,st);
                J(1,st)=feval(Fun,P(:,st));
                Process(tryIter,ChemIter)=J(1,st);
        % 存储数据
                ChemIter=ChemIter+1;            % 驱化迭代器累加
                m=m+1;
            else                                % 没有发现更好的适应值
                m=Ns;                           % 跳出前进循环
            end
        end % 结束 Swimming 循环-----------------------
    end % End each bacterium-----------------------
% reproduction-------------------------------------
if mod(ChemIter,Fre)==0  % 每间隔 Fre 次迭代执行一次复制操作
    [~,si]=sort(J);     % 不同于原始的 BFO(原始 BFO 采用累积的 J 值)
    % -------------------------------------------------
    P=P(:,si);                                  %  根据 si 进行排序
    J=J(:,si);
    Jt=Jt(:,si);
    C=C(:,si);
    % -------------------------------------------------
    for i=1:Sr                                  % 分割
        P(:,SS+1-i)=P(:,i);
        J(:,SS+1-i)=J(:,i);
        Jt(:,SS+1-i)=Jt(:,i);
```

```
                C(:,SS+1-i)=C(:,i);
        end
        % ----------------------------------------------
    end
    % elimination and dispersal----------------------------------
    if mod(ChemIter,Fed)==0      % 每间隔 Fed 次迭代执行一次驱散操作
        for i=1:SS
            if rand<Ped                        % 以 Ped 的概率进行驱散
                P(:,si)=DimLow+rand(Dim,1)*(DimUpp-DimLow);
            end
        end
    end
    % ----------------------------------------------------
end
% --------------------------------------------------------
for i=1:MaxFEs-1
    if Process(tryIter,i)<Process(tryIter,i+1) % 保存收敛数
据，确保其递减趋势
        Process(tryIter,i+1)=Process(tryIter,i);
    end
end
Result(tryIter,1)=Process(tryIter,MaxFEs);                % 
获取最终实验结果
    % ----------------------------------------------------
end
% 输出--------------------------------------------------
AVG=mean(Result);                              % 获取实验的平均值
SD=std(Result);                                % 获取实验的标准差
RT=toc(ticID);                                 % 计算整个程序的运行时间
fprintf('%s      %+15.10e      %-15.10e      %+15.10e\n',Fun,
AVG,SD,RT);
    % ----------------------------------------------------
end % 结束函数
%*************************************************************
```

附录三　基于特征权重策略的菌群特征选择算法

本书 5.1 节提出的算法代码, 具体如下:

```
% **************************************************************
% 引用文献:Wang,H.,Niu,B. (2017). A novel bacterial algorithm
with randomness control for feature selection in classification.
Neurocomputing,228(July),176-186
**************************************************************
% 输入参数说明:
%       data_tr:训练数据集
%       data_ts:测试数据集
%       D:搜索空间变量维度,即所选特征子集中特征个数
%       NP:种群数量
%       GEN:迭代次数
%       runs:重复运行次数
%       SS:细菌总数
% **************************************************************
function BCO(data_tr,data_ts,D,NP,classif,GEN,runs)
% ------------------------------------------------------------
tic;                              %开始计时
P2=25;                            %Pre 取值
P3=20;                            %Pel 取值
accuracy=zeros(runs,1);                 %初始化分类准确率
for h=1:runs
  Err=[];                           %存储分类错误率
  H=size(data_tr,2)-1;                  % 特征总个数
  Sr=floor(NP/2);
  success=0;
  L=1;                            % 变量的下边界
  Ns=1;                           % 翻转次数
  no_de=3;                         %趋化过程中可不变的维度
  weightf=ones(H,NP);                  %权重初始化
  archieve=zeros(H,NP);                 %权重初始化
```

```
Pop=zeros(D,NP);                                    %种群初始化
for j=1:NP
  HH=randperm(H);
  Pop(:,j)=HH(1:D)';
  weightf(HH(D+1:H),j)=0.1/H+weightf(HH(D+1:H),j);%特征权
重记录
end
  Pop=sort(Pop);
  C=0*ones(GEN,NP);                                 % 趋化步长初始化
  C(1,:)=ones(1,NP);
  Cstart=5;
  Cend=1;
  R1=round(rand(D,NP));
  R2=1-R1;
  Delta=(2*round(rand(D,NP))-1).*rand(D,NP);
  Fit=ones(1,NP); % fitness of the population
  J=[];
   for j=1:NP
     val=round(Pop(:,j))';
     Fit(1,j)=getfit(classif,val,data_ts,data_tr);
%适应值的评估
     end
  [~,x22]=sort(Fit);
  Best=repmat(Pop(:,x22(1)),1,NP);
EL=mean(Fit);
ds=find(Fit<EL);
archieve(Pop(:,ds),:)=archieve(Pop(:,ds),:)+0.00000001;
[weightf,Best]=weight_unique2(weightf,Best,H,archieve);
t=0:1/(NP-1):1;t=5.*t;
PPc=0.0+(0.5-0.0).*(exp(t)-exp(t(1)))./(exp(t(NP))-exp(t(1)));
  Pc=repmat(PPc,D,1);
  fi1=randperm(NP);
  fi2=randperm(NP);
  fi=(Fit(fi1)<Fit(fi2)).*fi1+(Fit(fi1)>=Fit(fi2)).*fi2;
  bi=ceil(rand(D,NP)-1+Pc);
```

```
  for j=1:NP
    if bi(:,j)==zeros(D,1),rc=randperm(D);bi(rc(1),j)=1;end
  end
 xBest=bi.*Pop(:,fi)+(1-bi).*Best;
 k=1;  Err(k,h)=min(Fit);
record=0;
% -------------------------------------------开始迭代--------
 while k<GEN&&success==0
    k=k+1;
    Cc=(1-(k/GEN))*(Cstart-Cend)+Cend;              %趋化步长的更新
    C(k,:)=repmat(Cc,1,NP);
    pos=randperm(D);
    X=Pop(pos,:)+R1(pos,:).*(Best(pos,:)-Pop(pos,:))+R2(pos,:).*
(xBest(pos,:)-Pop(pos,:));
%趋化操作
X=round(X);
% --------------------------------------------------------
    changeRows=X>H;                           %检查变量是否在搜索空间内
    X(find(changeRows))=H;
    changeRows=X<1;
    X(find(changeRows))=1;
[weightf,X]=weight_unique2(weightf,X,H,archieve);       %更新权重 W
% --------------------------------------------------------
    for j=1:NP
     val=X(:,j)';
     f(1,j)=getfit(classif,val,data_ts,data_tr);
     if f(1,j)<Fit(j)
       Fit(j)=f(1,j);
       [~,ra1]=setdiff(X(:,j),Pop(:,j),'stable');
       changerows=X(ra1,j);
       archieve(changerows,j)=archieve(changerows,j)+(Fit(j)-
f(1,j))/Fit(j);
        Pop(:,j)=X(:,j);
     else
        m=0;
```

```
% ---------------------Tumbling-----------------------
    while m<Ns
    [~,ra1]=setdiff(X(:,j),Pop(:,j),'stable');
    changerows1=X(ra1,j);
    archieve(changerows1,j)=archieve(changerows1,j)-
(f(1,j)-Fit(j))*Fit(j);
    [~,ra11]=setdiff(Pop(:,j),X(:,j),'stable');
    changerows2=Pop(ra11,j);
    archieve(changerows2,j)=archieve(changerows2,j)+
(Fit(j)-f(1,j))/Fit(j);
    gap_position=setdiff(1:D,ra11);
     X(:,j)=Pop(:,j);
     if isempty(gap_position)>0
      [~,ps]=sort(archieve(Pop(gap_position,j),j));
      [~,hh]=sort(archieve(:,j),'descend');
      X(gap_position(ps(1)),j)=hh(1);
if length(gap_position)>1                X(gap_position(ps(2:
end)),j)=Pop(gap_position(ps(2:end)),j)+C(k,j)*Delta(gap_p
osition(ps(2:end)),j)/sqrt(Delta(gap_position(ps(2:end)),j)
'*Delta(gap_position(ps(2:end)),j));
                     %翻转操作
      end
      for i=1:D
        if (X(i,j)<L)||(X(i,j)>H)
          X(i,j)=L+(H-L)*rand();
        end
      end
  end
[weightf(:,j),X(:,j)]=weight_unique2(weightf(:,j),X(:,j),H,
archieve);
    MMM=real(round(X(:,j)));
    val=MMM';
    f(1,j)=getfit(classif,val,data_ts,data_tr);
    if f(1,j)<Fit(j)
      m=Ns;
```

```
        [~,ra1]=setdiff(MMM,Pop(:,j),'stable');
        changerows=MMM(ra1);
archieve(changerows,j)=archieve(changerows,j)+abs(f(1,j)-F
it(j))/Fit(j);
        Pop(:,j)=MMM;
        Fit(j)=f(1,j);
        break;
    else
        m=m+1;
        [~,ra1]=setdiff(MMM,Pop(:,j),'stable');
        changerows=MMM(ra1);
        archieve(changerows,j)=archieve(changerows,j)-
abs(f(1,j)-Fit(j))*Fit(j);
    end
    end                                           % end
while
% ----------------------------------------------------------
    end                                       % end if
end %end for NP
  changeRow=f<Fit;
  Fit(find(changeRow))=f(1,find(changeRow));
  [FFFF,x22]=sort(Fit(1,:));
  [~,squence_e1]=sort(archieve(Pop(:,bb(i+Sr)),bb(i+Sr)));
% ----------复制和迁移------------------------------------
    if no_de>1&&no_de<D
        AA=setdiff(squence_e1(end-no_de+1:end),squence_e(end-
no_de+1:end));
        LL=length(AA);
        if LL>0
            Pop(squence_e(1:LL),bb(i))=AA;
        end
    else
Pop(squence_e(1),bb(i))=Pop(squence_e1(end),bb(i+Sr));
        end
    end
```

```
% ------------------------------------------------------------
   end
 end                                      % 迭代结束
 accuracy(h,1)=1-min(Err(:,h));          %获得分类准确率
end
toc;
averagetime=toc/runs;                     %运行平均时间
```